U0143262

Sky ^{The} at Night

BOOK OF THE MOON

A GUIDE TO OUR CLOSEST NEIGHBOUR

The
Sky at Night

BOOK OF THE MOON
A GUIDE TO OUR CLOSEST NEIGHBOUR

Dr. Maggie Aderin-Pocock

月 球 简 史
一 份 关 于 我 们 近 邻 的 指 南

〔英〕玛吉·阿德琳-波考克 著

孙红卫 译

北京大学出版社
PEKING UNIVERSITY PRESS

目 录

绪　论

为什么要做一个"月疯子"（lunatic）？*

---

　　* 文字游戏，英文"疯子"（lunatic）源自"月亮"（luna），古人
认为月球会影响人的精神状况（见后文）。作者为月球着迷，故而自称
"疯子"。——译注

曾有位朋友告诉我，当他看到月亮时就会想到我。虽然说者无心，但对我来说却是莫大的褒奖。月亮是我的阴和阳。它驱动着我的事业生涯，影响着我的生活方式。在很多方面，它界定了我现在的样子。因此对于我来说，能和月亮如此关联在一起，当然令我喜出望外了。

我们正处于一个非同寻常的历史转折点。空间与宇航科学的发展势头正足，新的发现与发展每时每刻都在发生——从发现引力波，到发现先前不为人知的系外行星（它们指的是围绕我们在夜空看到的恒星旋转的行星），不一而足。

随着科技的发展，人类越来越容易观察得越来越远。不过，有时不必舍近求远，只需观察在我们的后院就可看到的事物，同样令人心满意足——特别是因为对于我们来说，更容易研究这些近水楼台的事物。

显而易见，我们的近邻月亮便属于这类事物。它主导着我们的夜空，人们用肉眼便可以轻易看到。人类从仰望夜空、神游天外伊始，就一直在研究它的存在。但是，在我们所有的观察和调查下，月亮依然神秘莫测。

令人称奇的是，我们似乎仍然对它知之甚少，甚至不能确定它来自何处又何以形成。不过，我们依旧乐此不疲地继续着种种推理与猜测。在这本书中，我想开启一场理解月亮的旅程：讨论已知、探索未知。

2019 年，正值庆祝人类登月五十周年之际，我们更加深刻地意识到月球不可思议的存在。我们将穿越它漫长而令人神往的过去，了解它现在如何支撑着我们脆弱不堪的地球，我们还会展望未来，畅想一个相对未知却同样令人兴奋的涉及人类与月球之间复杂多变关系的未来。

首先，最为重要的是，让我们赞美这位悬在天空中的伙伴，尽情抒发隐藏在所有人内心的对于月亮的痴迷之情。

父亲、月亮和我

从我记事开始，月亮便一直在我的生命中扮演着重要的角色，我也总是乐于把自己描述为一个如假包换的"月疯子"。我热爱月亮；它让我着迷，据我所知，从我很小的时候起，我就开始为它如痴如醉。这或许并不稀奇，因为我出生在 1968 年，正是在一年之后，人类登上了月球。事实上，当尼尔·阿姆斯特朗在月球上为人类迈出一大步时，我正在地球上蹒跚学步。成长在那么一个令人兴奋的科学探索的时代，也许注定了我就要向往月亮。在很多方面，我都觉得它在那里与我相伴，指引着我一路前进，将我领向成为空间科学家的职业生涯。

我已无法记起自己关于月亮的最初回忆，但是我觉得自己最初的关于月亮的启蒙知识来自我的父亲。那时，他会向我讲述自己在尼日利亚的童年往事。他小时候拥有一辆兰令（Raleigh）自行车。要知道，对于父亲而言，兰令自行车无异于自行车界的劳斯莱斯。那时，他会骑着心爱的自行车穿越很远的距离去学校上课。学校大约在十二英里之外，这意味着他每天都要早早出门，又要披星戴月才能回家。但是，家和学校之间并没有路，更没有路灯照亮他的归途。相反的是，他要骑着自行车穿越漫布沙尘的非洲草原，只有月亮提供亮光。他向我们讲起它硕大的形态与令人惊叹的美丽，以及他如何将它视作漫漫归家之路的伴侣。我心中知道，如果我的父亲把月亮当作伴侣，那么成长在伦敦北部的我自然也能把它当作伴侣。

如此一来，月亮成了夜空中一个让我心安的存在。整个孩提时代，我都有睡眠问题，不停与失眠症斗争，对于月亮的感情也因此更加强烈。我会头脑清醒地躺在床上，辗转反侧，等待睡眠的降临。所有人都进入了梦乡，而我却仍然与睡梦无缘。过了一段时间，我会干脆放弃假装入睡，从床上爬起，进入静寂的黑暗世界。黑夜是让孩子们心生恐惧的地方，夜色之中，一切都以与白昼不同的模样示人，即便是最普通寻常的事物也蒙上了一种危险的色彩。我在房间里蹑手蹑脚地走动，小心翼翼，以免惊醒沉睡的家人。我悄无声息地走到窗边，更清楚地观察夜空。当我拉开窗帘，皎洁耀眼的月光洒入室内，放逐了黑暗的世界，创造了一个光明统治的领地。看着眼前的景观，只需几分钟的时间，我便会精神放松，又想再次尝试入睡。就像它对于我的父亲一样，月亮也是我的朋友和伴侣。

父亲会提到他怀念幼时非洲的月亮。他说，透过伦敦云雾笼罩的天空看到的月亮，总觉得或看起来不尽相同。尽管我对他的观点感同身受，但是我也认为他未能体会到月光倾洒之下一座古老、灰暗的城市所拥有的美丽。

例如，我记得有一个晚上从学校回家，步行穿过汉普斯特荒野（Hampstead Heath）。我在伦敦长大，很少有机会看到满天繁星。云雾密布的天空以及无所不在的光污染限制了人们的视线。不过，月亮的情况却大不相同。我们的学校位于海格特，而那个时候我家住在贝尔西兹公园。两个地点之间最近的路线是穿过汉普斯特荒野。因为我们还是孩子，所以不会进入荒野的深处，不过沿着其中一条小道可以抄近路回家——虽然本可以选择走大路，可是距离更远，而且相比之下趣味也要减半。那个晚上，我和妹妹格莱斯走路回家——一定是在冬季，因为尽管才临近傍晚五点钟左右，天色已经转暗——在我的记忆中，天气并不寒冷。我只记得天空中挂着一轮明亮、巨大的圆盘，月色如水，从空中倾泻下来，光芒如此强烈，我们甚至可以看到自己投在地上的身影。我顿时被迷住了。

在我 12 或 13 岁的时候，有一个夜晚，我和妹妹格莱斯一起走在路上，要么是去商店，要么是回家。跟往常一样，我仰头观察夜空中那个熟悉的存在。但是，这一次却发现有什么地方不太一样。前一天晚上，我看到的月亮几乎是满月，现在我看到它，却发现它远不是满月，月相也是错的。我在期待看到一轮满月，如今它却只是一弯月牙，其余的表面隐匿不见。那一部分月亮到哪里去了？我开始怀疑我的记忆是否准确。只有很少的事物可以信赖，而月相便是其中之一。它们一向准确可靠，就如钟表的运转。因此这并不合乎逻辑，也让我心生不祥的预感。

后来，我才知道那个夜晚的月亮发生了月偏食的现象，我很兴奋自己可以观察到这一现象。虽然我年龄尚小，但是我已对月亮与月相有了一种内心的感知，可以预见它在夜空中的形态。这还是互联网之前的时代，我只能依靠书籍查找信息，所以我一定是对此乐此不疲，才会发现这类知识。

我们没有互联网，但是却有一台电视机（是的，我还没有老到那个童年没有电视机的程度）。在慢慢长大的过程中，我对月亮的兴趣也因观看电视节目《夜空》而与日俱增。我的父母知道我对这套节目情有独钟，就特地允许我熬夜观看。突然之间，除了自然界的月亮，又有了那么多可以了解的事物。在帕特里克·摩尔（Patrick Moore）的指引下，我学会了如何辨识星座和行星，听到了探索太阳系的科学计划以及帮助我们理解宇宙的望远镜。我一下子沉迷其中，想知道更多的知识。

于是，我开始在图书馆中查找天文学知识，然后决定省下钱来购买自己的望远镜。不过，这件事情却相当棘手。我翻看杂志，查询已有的观测系统，可叹的是，它们价格高昂，全都在我这个十几岁的小孩儿可承受的预算之外。我决定另做打算，从阿格斯百货买了一架小型、廉价的望远镜——这是一个装了镜片的塑料装备，质量平庸。它有一种所谓"色差"的毛病——光线透过其中时会发生折射，因而观察者会看到三个不同颜色的图像。我如今已完全明白，当时还不如购买一架双筒望远镜。

正因为这个原因，我以为我的观测只能局限于肉眼可见的视域，不过几周之后，我看到了一本当地杂志上的一则广告，宣传制作望远镜的课程。它是卡姆登（Camden）地区成人教育的组成部分。我却被吸引住了；我能否制造一架质量上乘的望远镜呢？我报名参加了这个课程，到了地方才发现，作为一个 15 岁的小孩儿，我不仅是最小的学生，还是唯一的女生——类似的事情会在我的职业生涯中发生很多次，不过令人欣喜的是，现在越来越多的女性开始从事科研事业。然而，我身边都是志同道合的人。我开始制作直径 150 毫米的卡塞格林（Cassegrain）光学系统（参见下表）；这对于初学者而言不啻为一个巨大的挑战。我的一些同学报名参加课程是为了直面望远镜制作技术的挑战，而我则是为了更加亲近月亮和星辰。

我们实际上制作的是望远镜的反光镜，这也是所有反射望远镜的核心。我们研磨、抛光一块块厚厚的玻璃，然后在成型后涂上铝层，制造出光洁的反射镜面。

如果你把两块玻璃放在一起，中间放入研磨粉，然后将两者反复摩擦，久而久之，位于下面的那块玻璃会变成凹形（它的表面被磨去，形成了凹陷的坑状），而上面的则成了凸形（它的边缘被磨掉，中间形成山状的凸起）。这样持续数月（我曾一边磨镜片一边观看《星际探索》），使用越来越精细的研磨粉，最终便会得到一个凹面镜和一个凸面镜，球面十分光洁精致。这个阶段再对凹面进行加工，将其球面磨制成所谓的抛物面——更像一个开口的 U 形。加上反射涂层之后，它就成了主镜面。然后将其置于一个盒子中，与其他简单的镜子组合成一架望远镜。需要数月的艰苦劳作以及精细入微的测量才能判断其形状是否合格，不过它确实是一种自己动手制作望远镜的很好的方式，造价也相对低廉。真正让我欣喜的是这是我亲手制作的东西，而且它拉近了我和月亮的距离。

望远镜的种类

望远镜的类别分为三种：折射望远镜、反射望远镜及折反射望远镜。我将简单介绍每一种类。

折射望远镜

这是人类发明的第一种望远镜，伽利略正是利用这种望远镜最早对月球进行了观察。光线透过一系列镜片，将物象放大，然后通过目镜聚焦在眼球后面（视网膜）。这类望远镜的问题是对镜片的质量要求较高。伽利略在十七世纪使用的玻璃镜片有可能含有小气泡和杂质。当光线透过镜片时，这些瑕疵会影响成像效果。

现在人们可以获取高质量的镜片，造价较低的望远镜会采用塑料镜片。这些塑料镜片的优点是重量较轻，质量优于伽利略用的玻璃，不过，那些廉价的镜片还是会像我的第一个望远镜一样有色差等问题。

反射望远镜

这种望远镜最早由艾萨克·牛顿爵士在 1668 年发明。不过，它的工作原理却在早于这个时间数年前已被提出。它使用了反射镜面而不是透镜来聚拢光线，由此减轻了因光线透过质量较差的玻璃而导致的诸多问题。反射望远镜形态各异，最简单的是一种被贴切地命名为牛顿望远镜的种类。它由一个抛物面镜（上文提到的 U 状开口的镜面，可以聚拢远处的光线）和一个平面镜构成，组装在盒子里。这种望远镜在望远镜制作课程中很常见，而且形状特别，观测者需从望远镜的前端观测，位置偏向一侧，以防阻挡光线。

反射望远镜结构各异，包括我小时候制造的那个卡塞格林望远镜，它也具有抛物面镜，不过，其中的平面镜被换成了别的形状的镜子（也即双曲面镜，如果你还记得学校里几何课学过的圆锥那部分内容的话），将聚拢的光线反射到主镜的一个孔中。这样的设计会减小望远镜的体积，使其更加紧凑——不过，也增加了制作的难度，尤其是对于刚入门的孩子而言。很多大型专业望远镜，包括 8 米级以及体积更大的望远镜，皆使用了卡塞格林结构。

说句闲话，我曾亲手拿着一架由牛顿本人制作并于 1672 年献给皇家科学院的望远镜。当时，我在参加皇家科学院的一项拍摄活动，不经意间看到了一个摆放在图书馆架子上的形状奇特的物件。它形态优美，不过有些碍事，于是我把它拿起来放到别处。在我拿起它时，一个人大声喊道："嗨，当心，这可是牛顿制造的第二架望远镜！"我瞬间大惊失色，差点失手丢在地上，不过我很快恢复了理智，将它完好无缺地放下来，摆在不碍事的地方。这件见证历史的古董由此得以为后世保全。

折反射望远镜

第三种望远镜是折反射望远镜，结合了反射镜与透镜。这类望远镜中最受青睐的一种被称作"施密特-卡塞格林"（Schmidt-Cassegrain）望远镜；许多高品质、供发烧友使用的望远镜就属于这一类型。制造商也喜欢这种设计，因为它只需简单的球状镜片（不论是机器制作还是手工磨制，这是最容易做出的形状），而且放置在一个结构紧凑、方便携带的望远镜中，因此备受欢迎。

我们一边磨制镜片，一边谈论天文学，彼此分享对天文的热爱，讨论我们的自制望远镜做成后，可以透过它看到什么样的景象。下课后，如果天色已晚，我们会去造访位于汉普斯特荒野的天文台，使用那里更强大的望远镜观看夜空。这门课至今还在开设，他们还经常给我发邮件。能找到一群志趣相投的同伴，真的令人欣喜万分。

我的望远镜制作进展得不错，我开始考虑为它设计一个跟踪系统。在伦敦帝国理工学院学习物理的时候，我实现了这个设想。当时，我对望远镜异常痴迷，选择专攻光学方向，并在我的博士论文中运用了这方面的知识。最后，我有机会使用了世界上最大的望远镜之一：智利的双子南座望远镜（Gemini South）。这是一架口径 8.1 米的巨无霸，堪称工程设计的骄傲。为了这项工作，我和我的团队还专门设计了高分辨率的光谱仪。这无异于梦想成真，该项目还将我引向空间科学，后来又设计制造了其他设备，其中一些还用在了詹姆斯·韦伯太空望远镜（James Webb Space Telescope）之上。这是美国宇航局（NASA）与欧洲航天局（ESA）制造的世界上最大的空间望远镜之一。不过，这一切都缘于我在孩提时对美丽的夜空（当然，包括月亮）的热情和痴迷。

跨越边界

如果说我的父亲开启了我对月亮的兴趣，那么奥利弗·波斯特盖特（Oliver Postgate）则最早让我有了前往那里的热望。还是一个三岁孩子的时候，我就以一种近乎宗教信仰的热情观看《针织鼠一家》（The Clangers）节目。我最喜欢的是片头，每集都不一样，但是总有波斯特盖特温柔悦耳的声音，向我讲述地球之外可能的欢乐……我人生的一个愿望就是乘着火箭，去外太空旅行——在月球上稍事歇息，然后飞往针织鼠一家的世界。

我一直将《针织鼠一家》视作一种令人上瘾的药剂，将我引领到科幻的世界。童年时期，我越来越喜欢这一题材。当时的我有着严重的阅读障碍症，尽管现在回首往事，我已渐渐认识与喜爱我生命中的这一点经历，但是，在我小时候，它却是我面对的实实在在的障碍。一开始上学的时候，方方面面都基于读写的能力，而作为一个阅读障碍症患者，我发现阅读非常困难，尤其是当时还是二十世纪七十年代的英国，我的病症一直未被诊断。我只是被当成一个头脑笨拙的孩子，被丢弃到学校的辅导班里。在那里，我的太空旅行的愿望像是天方夜谭一样。不过，我的父母叮咛我，只要我肯刻苦努力，凡事皆有可能。他们鼓励我去寻找那些我觉得有趣、让我兴奋的故事。也正是在这时，我发现了科幻小说……忽然之间，阅读成了值得为之努力的事。

因此，我对月球之旅的愿望源自父亲讲述的故事、我对《针织鼠一家》的兴趣，以及我对科幻小说近乎偏执的热爱。不过，一种缺少真正归属感的滋味助长了这种愿望。作为一个二十世纪七十年代在伦敦长大的非裔儿童，我并不觉得自己身上有多少英伦风格。我的肤色成了我和同学之间的屏障，他们常常会呵斥我滚回自己老家去，但是另一方面来说，我的亲戚们又会认为我是一个迷失的尼日利亚人，因为我从来未曾踏足那个国家，也不会说那里的语言。今天，借助便捷的"后视仪"追溯那时的情景，我才意识到太空之所以对我有莫大的吸引力，是因为它超越了民族的界限。从太空上观察，我们属于同一种存在。

对于我来说，《星际迷航》在很多方面都集中体现了这些情感。在开始的剧集中，"企业号"上聚集了来自全世界的探险者。在这里我们抵达了未来的某个时期，民族之间的阻隔烟消云散。与很多形态各异的外星生命一样，我们是星际联邦的组成部分。我想成为斯波克（Spock）——一种逻辑严密、行事理性、不动情感、精于科学的智慧生物。不过，对于我来说，这部剧集的明星是独一无二的、担任通讯官的乌乎拉（Uhura）中尉。她是我的终极榜样。这是一位事业有成的黑人女性，也是团队的关键人物，姿态优雅地出现在我们的荧屏之上。在整个二十世纪七十年代，并没有多少黑人角色出现在影视作品中，所以看到乌乎拉在电视剧中做着那些我一生都在梦想的事情，委实给我留下了难以磨灭的印象。这个印象一直伴随着我。所以，当我接到参加《星际迷航》首集播出五十周年庆祝活动的邀请时，我毫不犹豫便答应了。不久之后，我发现扮演乌乎拉的女演员妮切尔·尼科尔斯（Nichelle Nichols）也在讨论会现场。关于公共场合发言，我一向自诩为一丝不苟的专业人士，不过这一次我确实快要高兴疯了。毕竟舞台上坐在我身旁的是一位令人赞叹的偶像，也是我一直以来的英雄。

全人类的和谐共处是一个常被讨论的话题，但是我认为"阿波罗11号"的宇航员迈克尔·柯林斯（Michael Collins）最为精当地概括了这个话题。之所以提到他，是因为他是我们很少听人谈及的人物——当尼尔·阿姆斯特朗和巴兹·奥尔德林登上月球表面的时候，他负责留守在飞船之上。在一次访谈中，他被问及对于"阿波罗11号"登月任务印象最深刻的记忆时，他的回答是：

"我真的认为如果全世界的政治家们都能从十万英里之外的距离观看他们的星球的话，他们的立场也会随之发生天翻地覆的改变。至关重要的边界消失得无影无踪，喧嚣吵闹的争执也会变得消无声息。这个微不足道的圆球继续着它的旋转，不舍昼夜，无视它身上所有的分裂，呈现出整齐划一的表象，呼吁团结和睦、相互一致的态度。地球必须成为它所呈现出的样子：蓝白相间，没有资本主义或共产主义之分；蓝白相间，无论富贵还是贫穷；蓝白相间，不管是心怀妒意，还是被人觊觎。微小、闪亮、安宁，蓝白相间，脆弱的星球。"

我仍然梦想有朝一日也能到太空中去，看一看迈克尔·柯林斯眼中的景象。但是，我认为我们都应该举头仰望明月与太空，感受如若我们能抛弃想象的障碍，而仅仅作为同一种人类、同一种生物存在于世，我们将会变得如何不同。

一个偶像的影响

最后，我要特意提一下另一个人物，他在我成长期间也给我留下了深刻的印象。如果《针织鼠一家》和《星际迷航》最早激发了我对虚拟的外太空神秘世界的兴趣，那么是这位电视节目主持人帮助我形成了对于真实的宇宙奥秘更为深刻的理解和热爱。

前面我已经提到我是《夜空》节目的狂热粉丝。作为英国独有的文化产物，它的影响深远而广泛。它是许多代人都会记起的曾经收看的电视节目之一。因为播出的时间如此长久，它从而具有了一种跨代的吸引力（实际上，它已六十出头，达到了领退休金的年纪）。不过，真正让这档节目具有标志性色彩的是它的主持人——帕特里克·摩尔爵士。

帕特里克是一个自学成才的天文学家，对天文学有着超乎寻常的热情，这种热情体现在他所完成的任何著作、电视与收音机节目之中。作为一位有着 100 多本著作的作家与超过 700 多集《夜空》节目的主持人，他的影响堪称巨大。

帕特里克与月球的爱情故事延续了一生；事实上，他发表于 1953 年的第一本书便是《月球导游》。通过认真投入的长期观测，他成为一位备受尊敬的月球观测者。很快，英国天文协会月球领域的主管、一位名叫 H. P. 威尔金斯的先生慧眼识珠，注意到了他的存在。帕特里克具有借助天平动现象通过月角发现月球背面特征的独特才能。尽管月球只有一面向着地球，但是实际上可以观察到超过百分之五十的月球表面（更多信息见第 71—73 页）。1946 年至 1951 年间，摩尔和威尔金斯发表了一系列高分辨率的月球图。在威尔金斯辞世后，摩尔又对这些地图进行了修正。

帕特里克观测月球的时候也恰好正逢其时。这是因为那个时期很多探月工程都在计划之中。让帕特里克非常自豪的一件事就是苏联人在准备从太空中拍摄月球时，便参考了他和威尔金斯的地图。

太空时代的到来也刚好助力了帕特里克的电视事业。

1957 年 4 月 24 日 22 时 30 分，他主持了第一集《夜空》节目。随着苏联在同年发射"斯普特尼克 1 号"人造卫星，BBC 认为有必要播出一档电视节目，聚焦令人兴奋不已的科学进展。从此之后，《夜空》节目一直播放至今。

在这段史诗级的、打破世界纪录的 57 年的漫长播放史中，帕特里克主持了 700 多集，仅因一次食物中毒错过了一集。帕特里克在 2012 年与世长辞，我和他从未谋面——不过，这可能也是最好的结局，因为我实在难以认同他对移民政策以及 BBC 女性员工的看法！不过，即使我们见了面，我也希望我们对于月亮和夜空景象共同的热爱会超越任何政治分歧，对于宇宙以及其中一切事物的热爱能让我们成为惺惺相惜的朋友。

现在我已是《夜空》节目的主持人之一，这对于我来说是莫大的荣誉。我希望通过这个节目、通过这本书，用我的热情激发你的兴趣，就像很多年前帕特里克·摩尔激发了我的兴趣一样。

在我们即将踏上的征途上，我们会回到历史的深处，思考月亮如何影响与启发了不同时代、不同文化与不同国家的人们。我们还会在当前的语境中了解更多关于这位神秘近邻的知识——它如何保护了我们弥足珍贵的地球，在我们星球的发展史中扮演了什么角色。然后，我们会驶往将来，展望月球可能的未来景象——在这个景象中，人类会重新回到月球（女性会在它的表面留下自己的第一枚脚印），太空旅行成为现实，我们也可能在月球上建设居住地。但是，在我们开始月球之旅之前，首先让我们先熟悉月球的基本知识……

月球 101

基础知识篇

有史以来，人类便一直为月亮着迷，它长期占据着我们的想象力。长久的研究与科学进展之后，我们现在掌握了更为丰富的关于月球的知识，譬如它的组成物质以及——至少在理论上说——它的形成过程。

那么，就让我们先了解一下月球的基本科学知识吧。"101"这个词在世界上很多大学和学院里被用来指称某一学科的入门课程，它不需要先前的知识储备，这也正是现在我要做的事。某些地方的科学知识会比较复杂，不过我向你保证，在这个章节结束时，你会为所需知道的一切打下坚实的基础。那么，还有什么比讨论一下月亮这个名字的由来更好的开始方式呢？

为什么月亮被称作月亮（Moon）？

这似乎是一个奇怪的问题；除此之外，它还能叫什么呢？但是，在过去，我们这位太阳系的伙伴曾拥有各式各样的名号。对于罗马人而言，它是"Luna"（或者是"lunar"，在英语中）；她是月球拟人化的女神，这个名字沿用至今。希腊语版本则是"Selena"，用来指称月亮女神。现在，它作为女孩子的名字仍然常被听到，不过已经和月亮关系不大了。

可能会令人惊奇的是，国际天文学联合会（International Astronomical Union 或 IAU）在 1919 年成立后首先做的事情之一就是给予月亮一个正式的命名。联合会会员这么做的原因是想要"统一当时存在的多种多样、令人迷惑的月亮命名"。

他们之所以选择朴实无华的"Moon"而不是其他更具异域色彩的名号，是因为这个名字已经在不同的语言中使用了数千年。作为一个新成立的组织，国际天文学联合会显然不想一开张就太过特立独行，激起过多波澜。

但是，这自然也是一个会带来一些困惑的选项。我们的月亮并不是唯一的"moon"（也即"卫星"）。在过去，我们观察太阳系时，发现许多行星都有卫星（moon）环绕。事实上，随着人类空间探索的逐渐深入，越来越多的卫星被发现。尽管它们在本质上都被叫做"moon"，我们想到了很多有趣的方式来给这些卫星命名，通常和它们的运行轨道所环绕的行星相关。

拿木星来说，这个星球的英文名字"Jupiter"来自罗马神话中众神之王朱庇特。他是主管天空与雷电的神祇，而且众所周知有一点坏小子的脾气秉性。木星的体积最大的卫星——木卫一（Io）、木卫二（Europa）、木卫三（Ganymede）和木卫四（Gallisto）——均以他所征服的女性命名，这可能也是一条永生不朽的路径吧！不过，木星的 69 个卫星至今只有 53 个有名有姓。

对于火星这颗以罗马神话中的战神"Mars"命名的行星，情况比较简单明了：它只有两颗卫星，一颗叫火卫一（Phobos），另一颗叫火卫二（Deimos），它们均是对应的希腊神话中的战神阿瑞斯（Ares）的儿子。

土星以罗马神话中的农神"Saturn"命名，拥有许多形态各异的卫星。迄今已发现它有 62 颗卫星，不过只有 53 颗被命名。在这里，命名还是延续了希腊主题，借用了神话人物的名号。但是，等到人们发现天王星的卫星时，这种经典的命名方式便被放弃了，而代之以莎士比亚戏剧与亚历山大·蒲伯（Alexander Pope）一首诗中的人物。

有趣的是，"moon"一词似乎源自一个古老的由日耳曼词语"menon"引申而来的英文词，这个词据说来自印欧语系的词语"menses"，也即"月"或"月亮"的意思。所以，"moon"这个有着世界不同地域起源的词，看来是一个合适的名字。无论如何，在英语里，它符合我的品味。

月球的物理特征

　　月球是一块近乎球形的石头，由于引力的作用，绕地球做椭圆轨道运动（也即是说它围绕地球的公转轨道并不是圆形，而是椭圆形）。之所以说月球近似球形，是因为它与地球及其他行星一样，皆为扁球形，这意味着它是一个稍微压扁了球体，两极之间的距离要略短于赤道直径。

　　下面的表格为我们介绍了关于月球的基本事实：

参数（单位）	数　值
距离地球的平均距离	385,000（239,000 英里）
自转轴（度数）	1.5
自转周期（地球日）	27.32
公转周期（地球日）	27.32
最高气温（℃）	120（248℉）
最低气温（℃）	−247（−413℉）

这些数值精确可靠，可以作为我们进一步了解月球的起点。不过，我认为将它与我们所熟知的事物——我们赖以生存的地球——进行对比更容易描述它的特征。所以，下面的表格突显了月球的一些其他特征，并表明了它们与地球的不同之处：

参数（单位）	数 值	占地球相同参数的百分比
平均直径（千米）	3, 474（2, 159 英里）	27%
体积（立方千米）	2. 19 百亿	2%
表面积（平方千米）	3. 79 千万	7.4%
质量（千克）	$7.35×10^{22}$	1.2%
密度（千克/立方米）	3, 344	60%
重力加速度（米/秒^2）	1. 6	16.7%

现在，让我们更加详细地介绍一下这些特征。

个头大小

与地球相较，月球实际上很小，其平均直径只有地球的四分之一左右。这就意味着地球体积是月球的近50 倍。

月球的表面积也小得出奇，只有地球表面积的 7% 左右。也即是说，亚洲的面积——4.44千万平方千米——实际上比月球的表面积还要大。如果考虑到陆地面积仅占地球表面积的30%，那么月球的表面积与地球相比实在是微不足道。

尽管所有的数据都显示月球似乎很小，可是在我们的太阳系，相对于其所围绕的行星的大小比例，还没有哪颗卫星比月球更大。这种较大的体积以及相对较近的距离意味着它对我们的行星在很多方面上施加了强大的影响。

称体重

由于月球的体积与地球相比小之又小，自然它的质量也不出所料，相应地远小于地球，仅有后者的1.2%。但是，虽然月球比地球小得多，不过它有一个奇异的特征：如果它和地球都由相同的物质构成的话，它实际上要比应有的质量要轻。事实上，月球的密度仅为地球的60%，虽然这两个天体的化学成分相仿。这是因为月球的内部结构和地球大不相同。尽管如此，月球的质量也非同小可。实际上，它的密度在整个太阳系里的卫星中排在第二名，仅次于木卫一。

月球地貌

月球的表面非常崎岖不平，最高的山峰高过平均月球表面 8 千米左右，而最低的地方则低于 9 千米左右。这与我们的地球上从最高山峰至最低海底的起伏相当。不过，要知道，在月球上，这种起伏范围是出现在一个相对很小的天体之上。

在地球上，这种"高低不平"的地貌是由于地壳板块运动造成的。当地壳板块发生碰撞的时候，高山就会隆起，而当其他板块被挤压到彼此下方并沉降时，就会形成沟壑。然而，在月球上，却是完全不同的过程在发生作用。在这里，高低起伏的地貌是由月球表面几十亿年间形成的陨石坑造成的。这些陨石坑深浅不一：最深的是艾托肯盆地（Aitken），从边沿至底部深达 12 千米（7.5 英里）；有的则只有几微米，也即是千分之一毫米的深浅。月球表面布满了这些陨石坑。

除此之外，月球的大气层非常稀薄，产生的风蚀作用微乎其微。事实上，两千万年才会侵蚀掉一厘米的高度。所以，数十亿年前形成的陨石坑今天仍然存在。其实，一个陨石坑几乎会在月球表面永远存在而不会消失，除非发生新的陨石撞击，被新形成的陨石坑侵蚀。

对于我们来说，幸运的是，在晴朗、静谧的夜晚，有可能观察到月球表面的很多细节，如果月相刚好适合观察的话。可以看到明暗不同的区域，仅用肉眼或者借助双筒或单筒望远镜就可以观察到上面的坑坑洼洼。阴暗的区域被称作月海（maria），明亮的区域被称作月球高地或月陆（terra），标明了月球上两种迥异的地貌。既然我们已经知道如何辨别它们，就让我们更加仔细地研究一下吧。

月陆

据研究，月壳产生于大约 45 亿年前，在月球形成之后不久，由被称作"岩浆洋"的熔岩之海洋构成。在处于液态时，岩浆中重量较轻、密度较低的物质，主要是铝元素和硅酸盐类，漂浮到表面，而随着温度降低，整个外壳冷却为固体。40亿年前左右，太阳系进入了一个所谓的"后期重轰炸期"。这一时期，月球遭到流星和小行星的不断撞击。"大轰炸"造成了密布月球表面的陨石坑。

月陆是重轰炸期后残余的月壳。这些区域千疮百孔，产生时间可以追溯至月球的形成期。因为是由岩浆中较轻的物质上浮后构成，月陆的颜色较浅。这些地区的年代要比月球另一种典型的地貌——月海——久远。

月海

月海是月球上平坦的地域，与月陆相比，显得阴暗而无甚特征。它们一开始被称作"月海"——"maria"是拉丁文中"海"的意思——是因为早期的天文学家从地球上观察它们时，误以为其中充满了水。

在"重轰炸期"，由于缺少足量的大气层保护，月球遭受到严重撞击。来自小行星的巨大撞击撞碎了先前形成的月壳，让下面的岩浆通过裂缝迸射出月球表面，随后形成月海。玄武岩也是地球上最常见的火山岩（或火成岩）之一。我们地球的海床以及火山活动区域都可以发现这种岩石，比如在夏威夷群岛上。它的颜色较深，所以月海的颜色也较深，含有50%左右的硅酸盐（氧化硅）。可能较为奇怪的是，这种在地球上大量存在的岩石也会出现在距离我们近40万千米之外的月球之上，不过，这一现象也可能指向了它们的共同起源。

如上文所述，月球表面的起伏变化并非整齐划一。月陆上显示有年代较为久远、完好无损的陨石坑，还有后者的表面上因撞击形成的其他陨石坑。与之相比，月海由于相对晚近的火山运动，地形变化较少。

其他月貌

月谷（Rilles）

"月谷"一词源自德文，意为"槽"或"沟"。它们最早在十八世纪末被德国科学家约翰·西罗尼姆斯·施罗特（Johann Hieronymus Schröter）发现并命名，指的是月球表面可以观察到的裂缝。人们认为这些裂缝来自月球过去的火山运动。它们通常顺着月球的表面通往古老的火山口，因此可能是由坍塌的熔岩管道形成。

穹丘（Domes）

这些是圆形、环状的地形构造，具有平缓、隆起的坡，高数百米。它们据说是由相对浓稠的岩浆从火山口流出后形成的。由于这类岩浆浓稠，所以流动不远距离后，便开始凝固，在这个过程中形成穹丘结构。穹丘一般直径 10 千米左右，也可长达 20 千米。

皱脊（Wrinkle ridges）

这是一种在月海区发现的地貌类型，由月壳运动造成。玄武质熔岩喷发后，会冷却、收缩。在某些区域这一过程的速度不同，例如当不同类型的熔岩混合在一起从同一开口喷出时。不同的冷却速度会导致表面隆起、破裂，形成长长的皱脊。

地堑（Grabens）

"地堑"一词也来自德文，意为"壕"或"沟"，也是由月壳运动形成。它们实质上是凹槽结构，在两道平行的裂缝或断层被拉伸时形成。裂缝之间的区域形成了地堑。很多地堑出现在月海上大片撞击盆地的边缘。

月壤（Regolith）：月球的"土壤"

月球表面曾历经艰险，自形成以来不断遭受小行星与流星的撞击。接连不断的冲击撞碎了月球的表层结构，形成了一层覆盖物，称为月壤。

"Regolith"一词原指"风化层"，被用来描述一颗行星或天体表面覆盖的一层未固结的、松散的物质。在地球上，它由土壤（可供新的植物生长的有机腐殖质）、岩屑、泥沙、火山灰以及冰川沉积物（冰川运动残留物）构成。不过，月壤的成分完全不同，主要由被小行星与流星撞碎的月壳组成。

尽管有的月壤大如岩石，但90%的都是不超过1毫米的颗粒。这也就意味着月球表面的大部分物质的质地比白砂糖还要精细。实际上，整体而言，它们应该更接近砂糖、细白砂糖和糖霜混合的质地——不过，月壤的化学组成也决定了其味道肯定与糖的味道相差甚远！

月壤主要由氧元素构成，其余部分主要包括硅、铁、钙、铝与镁。它还含有少量相对稀有的金属，如钛、钍和锰。这些化学元素之间的比例与地球上的比例相当。然而，月陆与月海内的物质构成浓度并不相同。

内部构成

与地球相似,月球的内部也可以简单地分为三大部分:月壳、月幔与月核。现在,我们对月球内部结构的了解尚且有限,已有的知识源自过去 50 年间探月任务积累的信息。"阿波罗计划"使用了一种名为"阿波罗被动地震监测实验装置"(Apollo Passive Seismic Experiment)的设备,这种装置由四个用于测量地震和火山喷发活动的地震检波器构成,从 1969 年至 1972 年,被安置在月球表面之上。这些仪器的测量活动持续到 1977年,收集了大量宝贵的关于月震和其他月球活动的数据。通过检测月球活动产生的月震波如何在月球内传播,科学家们得以计算出其可能的内部结构。

如果我们要用一个常见的物体来描述地球的内部结构,那么用鸡蛋最为贴切。蛋壳代表底壳,一个覆盖表面的非常薄的表层。蛋白则代表地幔,也即包裹蛋黄的深层物质，而后者在这个比喻中代表地核。这个类比之所以恰当，是因为鸡蛋内部各层的比例刚好大约相当于地球内部各部分的比例。

然而，鸡蛋的类比对于解释月球内部结构却行不通。在这里，更好的对应物是一个无趣的包裹着糖衣的巧克力松饼。之所以说无趣，是因为这种松饼仅在中心有一块巧克力，显然会令所有喜食巧克力的人大失所望。但是，涉及月球，它却提供了一个绝佳的参照物。在这一情形中，外面包裹的糖衣代表了月壳，也即上文提及的月壤。在这个薄层下是月幔，也即松软的蛋糕，而中心位置则是一个相对较小的内核，在这里由巧克力块代表。

月球由什么物质构成？（提示：不是奶酪!）

我们对月球的化学成分有所了解，不过所掌握的信息主要有两个来源。首先是，美国"阿波罗计划"和苏联"月球计划"从月球一小块区域上采集的一些岩石。除此之外，科学家们可以借助遥感技术，也即分析绕月飞行器搜集的数据。这两种方式结合起来，向我们呈现了上文所述月球表面关键特征的大概状况。然而，两种

EARTH

Mantle

Core

Crust

MOON

（Crust：地壳；Mantle：地幔；Core：地核）

地球、月球内部结构的比例示意

方法对观察月球的内部构成起不到多大作用，所以我们对月球内部的物质构成所知甚少。

人们认为月球内部有一个铁质的固态内核，可能包裹在熔化的、液态的外核之中。这种情形非常类似于地球的内部结构。这一部分往上是半液态物质的区域，也是月震发生的地方。月球余下的部分——月壳与大部分月幔——则形成了高低不平的外壳。

月球刚刚形成的时候，它的大部分物质处于熔化的状态。在这一阶段，月球上有火山活动。不过，等月球冷却、凝固之后，火山活动便也随之停息了。

在月海等区域，太空中的天体（小行星、流星等）曾撞破月壳，释放出一些下面的物质，研究分析这些区域，可以作为了解月球内部物质构成的途径。月幔由两类玄武岩构成：橄榄石和辉石。前者是一种富含铁的锰硅化合物；后者含有硅、铝和氧元素，通常与钙、铁或钠元素结合。月球上的一些玄武岩有含量较高的钛元素。如果你感兴趣的话，橄榄石的名字来自它的晶体的颜色。正如你所想象的那样，其颜色是一种透明的黄绿色。这种矿物被当作一种宝石使用。虽然它比较稀有，不过我

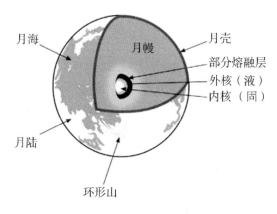

月海

月幔

月壳

部分熔融层

外核（液）

内核（固）

月陆

环形山

月球内部结构

有一对含有这种材质的耳坠。我很喜欢这对耳坠。遥遥
望去，月球可能看起来灰暗无光，不过近看可能是海一
样辽阔的碧色呢。

月　震

　　我们通常认为月球是一块状态稳定的岩石，但是令人
称奇的是，它也会同地球发生"地震"一样发生"月
震"。事实上，通过重新分析阿波罗登月计划地震仪采集
的数据发现，月球比人们想象的更为活跃。

　　人们认为月震分为四种：

　　1. 震源在七百千米之下的深层月震。它们主要由地
球与月球之间的引力造成。

　　2. 小行星或陨星撞击月球引发的震动。

　　3. 第三种是热量月震。月球表面非常严重的温差造
成月面的膨胀和收缩，引发月震——例如，第一缕阳光照
射的时候，在极寒的黑暗持续了两周后，阳光首次照射到
冷冰冰的月球表面时。

　　4. 第四种月震比较神秘。这是发生在距离月面仅 20
至 30 千米处的浅层震动。这些浅层月震特别有趣的地方
在于它们的强度：它们的震级可达里氏 5.5 级。地球上若
发生类似的情况会导致沉重的家具发生位移，灰泥墙面也
会破裂。地球上的地震通常会在半分钟后消失，因为岩石
中存在的水削弱了地震波——水跟岩石相比伸缩性更强，

可以像海绵一样吸收能量。与之相比，月球相当干燥，所以当它经历浅层月震时，它会像钟一样震动一段时间——有时长达10分钟。

但是，主要的谜团是什么原因导致了这些月震。如果地震监测设备被精心地放置，就有可能找出月震的震源。然而，这些地震监测设备只是被放置在月球一侧的各个着陆点，因此无法确定这些浅层月震的来源。未来的探测任务已经计划在月球表面的重要位置安放更多的地震监测设备，以便更好地了解月震的起源。了解这些现象很重要，因为它们可能对我们未来建设月球基地和殖民月球有重要的意义。

一个陌生的环境

那么在月球上生活会是什么样的体验呢？在这一章节，我们会看一看月球环境对于所有的未来定居者带来的挑战——说不定你就是未来的定居者呢！

影响月球环境的主要因素有温度、气压、光照和太阳风，但是我们也会考察月球表面的引力、它的磁场以及人们可能会经历的季节变化。欢迎来到月球！

温　度

根据我们所看到的关于月球表面的录像资料，你或许会认为这里的环境寒冷、干燥。如果这是你的想法的话，那么下面的图表可能会让你感到惊讶不已。它显示了地球、南极洲和月球的平均温度及温度变化范围。可以看到，月球的平均温度要高于南极洲。我们知道南极洲是一个冰封的寒冷之地，可是毕竟比不上月球的低温

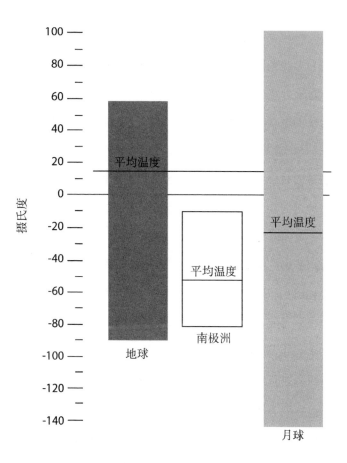

吧？为了解释这一意料之外的结果，我们需要看一看月球不同地点的情况。

月球表面的环境可以分为两个截然不同的区域：极地与非极地区域。两个区域都会经历巨大的气温变化，不过在非极地区域尤其如此。例如，正午的时候，赤道地区的温度可以高达炙热的100℃，而到了夜晚则陡降到-150℃。由于月球的大气层极为稀薄，所以无法将热量通过辐射传递到别的地区，这些温度也局限在某一地区。

与此同时，极地地区的气温变化没有这么急剧，因为这些地区从来得不到阳光的直射，只能在掠射角下接受到阳光。在阳光能照到的地方，温度可能达到-50℃，而在阳光根本无法照到的地方，温度低达-200℃，而且会永远处于这种状态。在这些与阳光无缘的寒冷的地方，可能会捕获到挥发性化学物质。这类物质可以通过不同的方式抵达月球表面，但是一旦落到了这些寒冷的区域，它们便会因永远无法吸取热量而再也无法逃逸。这些区域被称为冷阱（cold traps），也让月球的极地成为非常有趣的研究对象。科学家有时会在这里发现意想不到的化学物。据说，这些冷阱为月球表面上发现水提供了一个可能的解释。

引力场

我们都看到过宇航员在月球上漫步的视频。你可以看到当他们试图在月球表面上四下走动、勉力前行和轻盈跳跃时，动作尤其怪异。为什么会这样呢？简单地说，月球的质量远远小于地球，因此其引力也相应更小。这意味着在较小的引力牵引下，宇航员的步态发生了很大的变化。

想要感受月球上到底有何不同，可以看一看"阿波罗 14 号"宇航员艾伦·谢泼德（Alan Shepard）在月球上打高尔夫球的录像。这段录像看起来有些奇怪——一个全身宇航服的人在月亮上打高尔夫球——这个行为遭到一些人的批评，他们认为这是一个噱头，纯粹是浪费时间和金钱。但是，它也确实显示了低重力条件对事物的影响。

谢泼德打了三个球，使用了在我看来是 6 号的铁头球棒。不过，因为身着笨重的宇航服，他只能使用一只手挥杆。在最后一击之后，他一边看着高尔夫球飞出，一边说道："一英里，一英里，又一英里。"

但是，球真的飞出那么远了吗？在地球上，一杆好球可以让高尔夫球以每小时180英里（290km/h）的速度飞出，在月球上亦是如此。不过，在地球上这么一杆会把球打到400码开外（320米左右；高尔夫球一杆最远距离的世界纪录是515码或471米）。在月球上，几乎没有大气的影响（也即没有空气阻力），而且其表面重力还不及我们地球上的17%，综合这两个因素，也就意味着在月球上挥一杆，球可以飞到2.5英里或4千米左右的距离。所以，谢泼德的评论非常准确。球不但飞出的距离令人称奇，而且要大约一分钟才会落地。对于未来殖民月球的人而言，月球生活的游戏规则（ball game）将大不相同（如果我可以使用这个双关语的话）。

但是，这并不是月球引力场唯一让人吃惊的地方。在一项有趣的发现中——幸运的是，这项发现发生在人类首次登月之前——科学家们发现月球的引力分布并不均衡。这种分布不均的原因是月球表面之下物质密集程度的不同。对于登月计划而言，这无疑是至关重要的信息，因为引力场的变化会使探月飞行器远离轨道，或者导致其陡然坠落。这些地质结构被称作"质量瘤"（mascons），即"质量密集"（mass concentrations）这个术语中两个词的简写——很好地总结了它们的特征。

新近对于月球的研究试图破解这一谜团，解答究竟是什么原因导致了月球表面之下的"质量瘤"。当下的理论认为陨星对月球的撞击史又是罪魁祸首。当特大的陨星撞击月球表面时，造成的震荡波会穿透月壳，穿入月球深处。其中一些撞击在撞击区形成的物质压缩似乎会导致这些区域的密度增加，造成"质量瘤"。为了理解这种现象还需要更多的研究，不过，现在我们只需在未来的探月任务中警惕它们的存在就足够了。

磁 场

科学家在分析阿波罗登月任务带回的月球岩石时，吃惊地发现其中一些岩石具有磁性。在这一阶段，他们还不知道月球磁场的存在，正在为解释为什么这个大小的天体居然会产生这么强大的磁场而绞尽脑汁。

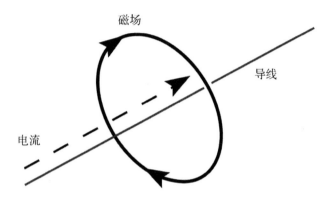

电流通过导线，在导线周围产生磁场。

为了解释这一现象，我们首先需要了解地球磁场是如何形成的。如果满足一定条件，一个物体或行星就会产生磁场。做一个简单的实验，如果给一根金属线通上电流，那么这条金属线周围就会产生磁场。（有趣的是，反之亦然，如果一根金属线穿过一个磁场，那么这条金属线便会产生电流。）

地球有一个由铁和镍构成的固态的内核，这个内核周围是一个被称作外核的区域；外核是液态的金属，也由铁和镍构成。靠近地球中心，内核和外核承受着极高的温度，金属都应处于熔化状态。不过，在地球的内核，由于极大的压力，这里的金属呈现为固态。当远离地球内核时，压力减小，外核变成了液态。

内核本身不会产生磁场，因为它处于固态，没有金属流动产生电流。但是，液态外核的流动会产生电流，它所承受的压力与温度的不同也会导致它产生电流。这些因素会生成对流运动，就像我们日常生活中所观察到的水和空气一样：盛一锅水煮一个鸡蛋，当水温升高的时候，水也会运动起来。当液体或气体温度增加的时候，它的密度就会降低，然后上升到温度较低的区域，接着凝结，密度增加，又重新下降到温度更高的区域，接着又被加热升温，如此继续循环。再者，外核还会在地球每天转动所产生的力的作用下运动（这种作用力被称作"科里奥利力"），在液态金属中形成漩涡。

这些不同的运动都会产生电流，由此产生磁场。这种由液态或半液态内核产生磁场的过程被称作"地磁感应"。尽管地磁场由不同的运动机制产生，但是它们之间相互增强，形成一个无形却强大的屏障，保护地球免受太阳风的肆虐侵扰。

然而，月球的体积与地球相比微乎其微，所以人们起初认为即便它有磁场，持续时期也势必非常短暂。这种看法似乎合乎逻辑，因为对于一个体型较小的天体而言，其中心压力与温度也相应较低。除此之外，由于体型小，它在形成之时留存的热量也会很快荡然无存。这些因素会让其内核迅速固化，由此能产生磁场的液态核心也不复存在。

不过，对阿波罗计划采集的月球岩石的研究让我们对此又要重新思考。最初被检测的月球岩石有三十二亿年的年龄。这就是说在月球起初存在的几十亿年，它们已经在那里了，而当时月球可能还有熔岩层。不过，最近研究的岩石样本仅有二十五亿年的样子——从地质学的角度来说，还相对年轻。到这一阶段，似乎月球的熔岩层已经固化，所以可以设想此时磁场也消失殆尽。但是，对这些年代相对较近的岩石研究发现，它们也形成于月球存在磁场的时间段。这也就意味着月球的磁场肯定存在了二十亿年，比预期的长十亿年！

那么是什么延续了月球的磁场生命呢？解释这一反常现象的最有说服性的理论之一，便是基于地球与月球之间的亲密关系。地球对于月球的引力致使月球内部温度上升，所以其金属得以较长时间维持液态。这是一个有趣的观点，不过还需要更多的研究予以佐证。

由月球液态金属外核产生的磁场最终还是逐渐磁性减小，在十五至二十亿年前最终消失不见了。正因为此，人们认为在月球表面上并无可以测量到的磁场。然而，新近的磁性测量研究确认月球仍然具有一个很小的磁场。不过，这一磁场不是由地磁作用产生的，而是由月球表面岩石的残留磁性造成的。这种磁性被称作"地壳磁性"（crustal magnetism），在地球上的某些区域也可以发现类似的现象。

那么上述一切又有何实际意义呢？对于我来说，能够通过一些看似无关紧要的事物——如几块岩石——一瞥天体的起源，以及它们在人类史前几十亿年如何形成，确实令人心神摇曳。当然，月球上还藏有大量的谜团有待解答，不过积少成多，科学家们正在一点点地拼贴好它的形成过程的拼图。

大　气

人们通常认为月球没有大气层。这一点自然无可厚非，因为这儿的大气层如此稀薄，很难称得上"大气层"。如果你在地球海平面上取一立方厘米的空气，在这个空间内有 10^{19} 个分子（也即是一千亿亿个），这个数字自然要数很长时间。在月球上进行同样的操作，一立方厘米内仅有 10^6 个分子，也即是一百万个——与地球上的数量相差 13 个数量级。再者，到了晚间，温度陡降，这些为数不多的分子会沉降到月球表面上。

目前的研究认为，月球大气的化学成分包含氦、氩、钠和钾元素。氦元素可能源自太阳，经由太阳风传送到月球上。太阳风是从太阳不断射出的等离子体、带电粒子流，主要由质子和电子等组成。它们的速度惊人（可以高达 900km/s），温度高达一百万摄氏度。它们是由被称作"日冕"的太阳大气外层的高温造成的。这些粒子流飞入太空深处，进入一个叫太阳风层的区域。这个区域含括整个太阳系，延伸到矮行星——冥王星——那里。

太阳风会引起一些有趣的现象。在日全食的时候，可以看到它以光晕的形式呈现在太阳的周围。太阳风中的带电粒子和地球磁场发生复杂反应，产生了南极与北极地区的极光现象。由于这股带电粒子的"吹动"，使得彗星在背离太阳的方向上拖着尾巴。

在地球上，磁场和厚厚的大气层限制了我们与太阳风的正面遭遇。但是，月球上这些防线并不存在，所以太阳风可以直接将氦等元素直接传送到月球表面上。由于和这些来自太阳的高能粒子和光子（相当于小包装的光）发生作用，分子被撞击出月球表面，共同形成稀薄的月球大气。

月球微薄的大气还包括太阳风和月球表面受陨星与小行星撞击时释放的物质之间化学反应的结果，以及月球内部散发的气体。对于这些机制中哪一个在月球大气形成中作用最大，科学家们仍然迷惑不解，需要更多的研究才能找到答案。

月球上的一天有多长

这似乎是一个简单的问题。在地球上，答案一目了然：它是地球围着自转轴自转一圈的时间，也即是二十四小时，难道不是吗？在这一时间段（如果我们忽略不计地球的倾斜角度的话），大约有一半的时间我们这颗行星的半个球面朝向太阳（因此是白昼），另外一半的时间则背着太阳，也就是夜间。不过，月亮并不围着太阳转动，而是围着地球转动，因此和我们有着一种非常奇特的关系。如果我们想要精确无误的话，地球绕自转轴旋转一周的实际时间是 23 小时 56 分钟 4.0916 秒。那么，究竟是怎么一回事？

在我们回答这个问题之前，还有另外一个问题亟待回答，这个问题听起来更加匪夷所思——这就是"什么是一天？"——在天文学里，我们讨论两种"一天"，也就是恒星日（sidereal day）和朔望日（synodic day）或太阳日（solar day）。不过，两者有何区别呢？

　　恒星日一词指的是与遥远的恒星之间的关系，所以它的计量与恒星或星座有关，而不是与本星系的天体相关，如太阳、月亮或其他行星。为了测量恒星日，我们需要测量恒星在夜空中转动时在次日回到原来位置的时间。如果我们以这种方式测量，就会发现在地球上看需要上文提及的 23 小时 56 分钟 4.0916 秒的时间。那么众所周知的 24 小时是怎么回事呢？实际上，这个数字和太阳日或朔望日有关。在这种测量中，测的是太阳在我们的空中移动时次日回到原来位置的时间。

　　但是，为什么以其他恒星为参照的测量结果与以太阳为参照的测量结果不一样呢？当我们以太阳为参照测量一天的时间时，因为地球一边围绕着太阳公转，一边绕自转轴自转，所以每天需要额外的几分钟才能等到太阳回到天空中在一天前所处的位置：每天我们都会在公转轨道上行进一段距离，所以我们需要转动一定距离才能看到太阳出现在原来的位置上。这一额外的时间大概每天四分钟左右。但是，如果我们以遥远的恒星为参照，那么便不需要考虑在公转轨道的运行时间，所以这些恒星重新回到原初位置的时间也相对较短。

那么为什么采用两套系统呢？如果我们以恒星日计量日常时间，那么每天的日出和日落将有大概四分钟的差别，至少会给我们的生活带来诸多不便。但是，如果我们在天文学中采用太阳日，那么时间久了，恒星的位置将移动变化，这就会为确定它们的位置带来挑战。

你或许会认为，这些似乎和月亮的光照时间无关。

事实上，与之类似的是，月球需要 27 天 7 小时 43 分钟 11.5 秒（也即 27.3 天）的时间绕地球运行一周。由于月球和地球潮汐相随，它也需要同样的 27.3 天完成自转。但是，因为地球围绕太阳公转，在这一过程中又拖带着月球，所以从月球上观察太阳，也需要稍长的时间才能等到太阳回到空中原来的位置（月球也会在绕日运行轨道上前进一小段距离）。因此，月球上的朔望日或太阳日，也即日出与日落之间的时间，比 27.3 天稍长——实际需要 29.5 天。

所以，在月球上一天的时间大概相当于地球上的一月，有两周的时间是白天，紧随其后的是两周的黑夜。这是未来殖民月球的人必须要考虑的另一个问题。

月球上有四季吗?

月球的气候看起来亘古不变、荒芜萧索,是有一定原因的。我们在地球上享受四季交替的美丽景观,是地球自转轴与公转的黄道平面有一个大约 23.5 度的夹角。这个行星倾斜的结果是,随着地球持续一年的绕日公转,要么是北半球、要么是南半球更靠近太阳。靠近太阳的一面接收到更多的能量,造成季节变化,带来春夏两季。与之相较,月球自转轴仅仅倾斜了 1.5 度,再加之是围绕地球而不是太阳旋转,所以它也就没有明显的季节变化。

月球是怎么形成的？

月球令人感兴趣的事情之一就是它是如何形成的。我们也看到过其他卫星，不过它们都和我们的月球大不相同；首先来说，与其他行星的卫星相比，月球相对于地球的体积更大。那么，我们的月球究竟来自哪里呢？

在阿波罗探月计划之前，有三种理论解释月球的形成：

月球捕获说

第一个理论如下：月亮是被地球引力场捕获的一个大型的、途径地球附近的小行星。在我们的太阳系，这种情况似乎经常发生，也正是火星有两个卫星的原因。然而，只要比较一下火卫一、火卫二与我们的伴侣星球的大小，便会发现这个学说的缺点；月球的体型太大，很难归入这个类别。

共同形成说

　　下一个理论认为月球和地球作为同一宇宙事件的组成部分在太阳系中形成。有两种方式来解释它的发生。就像太阳系所有的行星，月球和地球可能形成于"吸积盘"中——一个由气体、等离子体、灰尘与粒子构成的围绕一个中心天体旋转的物质圆盘（disc）。在这里，中心天体是太阳。一段时期之后，圆盘里的物质开始分成带，然后慢慢地凝聚在一起形成两个独立的天体：地球与月球。因为两者距离毗邻，月球随后被地球引力场捕获，围绕地球旋转。另一个理论是，月球和地球可能在一个局部性的吸积盘中形成了一个二元的系统，两者从一开始便相互环绕。两种理论都可以解释为什么这两个天体有着相似的构造，因为它们是从同一个吸积盘相似的区域中形成的。但是，两个理论都有缺陷，主要是月核的大小。如果是以这一种方式形成的话，月核的体积应该在它的整体体积中占有远比现在更大的比例，就像地核一样。

来自地球

第三个理论基于以下观点：早期地球旋转速度过快，导致一大块物质被抛甩出去，形成了月球。然而，这个理论的机制很难复制。如果地球旋转速度快到足以让一大块物质脱离，那么这块物质很可能会有足够的势能逃逸到太空中去。

撞击理论

在"阿波罗号"将月球岩石样本带回地球后，月球的形成理论开始往另一个方向发展。对样本的化学成分分析显示，地球的组成与月球的组成之间有着显著的相似性。它表明了两者之间有着某种共同的起源，于是撞击说便产生了。

撞击理论认为一个与火星大小差不多、名叫"忒伊亚"（Theia）的小型行星，与早期的地球发生了碰擦式撞击。这次碰撞造成一圈熔岩物质进入地球轨道，最后聚合形成了月球。它在适当的距离形成，构成了一个独立的天体；如果距离再近一些的话，地球的引力场就会将物质重新吸引回来。这是一个很精致的理论，可以解释地球与月球化学构成的相似性。

不过，有一个问题：地球与月球的物质组成看起来太过相似。如果这场碰撞像设想的那样发生了的话，那么月球的组成会有更多忒伊亚的物质，因而会和地球有更多的差异性。至今，我们并没有找到来自忒伊亚的物质。

物质组成差异性小的原因有没有可能是样本采集的来源区域过小？毕竟，"阿波罗号"的样本只是采自总体数目相对较少的一些地方。然而，似乎也不是这种情况，因为这些样本并不是我们在地球上可以看到的唯一的月球样本。

苏联的探月飞船"月球号"（Luna）从月球上共计带了 0.33 千克的样本返回地球。可以从地图上发现，"月球号"与"阿波罗号"采集样本的地点非常广泛地分布在月球朝向地球的一面上。再者，宇宙飞船载来的样本并非我们可获取的月球物质的唯一来源。它还可以在字面意义上从天而降——这里指的是被流星或陨星从月球上撞击下来的物质。如果撞击的力度足够大的话，那么喷

"阿波罗号"和"月球号"

在月球上的登陆点

出物将会飞入太空中去，最终以陨石的方式落在地球上。这个过程很好的一点是，通过这种方式释放的物质来自月球表面的各个地方，为我们提供了分布更广泛的月球样本。然而，对这类物质的研究也发现了类似的问题：来自月球的物质的化学构成和地球太过相似，无法解释一个类似忒伊亚的天体与地球相撞的情景。

如此一来，究竟如何看待撞击理论呢？总之，它在科学界还有很多支持者，仍属于正在被研究的领域，不过，来自分布广泛的月球表面的更多样本将会起到更大的作用。我想为此付出自己的努力，取回更多的样本，遗憾的是，还没有人接受我的帮助。

然而，关于月球形成的早期，我们确实知道了不少事实。在刚刚形成后，月球离地球比现在要近得多，地球的白昼也更短，不超过五个小时。随着月球离地球越来越远，地球的转速也在减缓。我们测量得知，月球正在逐渐远离我们；移动的速度和我们的指甲成长的速度是一样的。在天文学上，这个速度实际上已经很快了！我们知道这一点是因为"阿波罗号"宇航员在月球表面上留下了反光镜，也即摆设成不同角度的小型反射器。

这意味着我们可以将激光发射到月球表面上，然后反射回来。通过测量光抵达月球再反射回来的距离，可以测算月球位移的距离（见第 159 页）。事实上，待以时日（大概十亿年），它与地球之间的距离就会导致地球变得不稳定——随着地球转动速度变缓，会发生有意思的现象。例如，有可能整个地球都会晃动和旋转。

我们认为火星过去可能就曾发生过同样的事情，这也可能是地球的未来。两个磁极会突然转移到赤道地区，跟后者发生调转，带来灾难性的变化。天气也会变得极端，带来极热的夏天和极寒的冬天。它会对我们的行星带来什么样的影响取决于它还有多久会发生；生命能够以某种方式适应变化，但是很难会适应如此快速又如此极端的变化。

我们的星球依赖月球是因为它处于一个二元的系统之中；一端是地球，另一端是月球。有一个专门的词语形容这种现象："角动量守恒定律"。地球和月球一起旋转，在这个二元系统里，就像两个滑冰运动员一圈又一圈地旋转；如果他们彼此靠近，他们的速度会越来越快，如果他们彼此远离，速度会越来越慢。你可以在一个有轮子的椅子上做这个实验。坐在椅子上，抱着一个重物，然后转动自己。如果你将这个重物往外推去，远离你，你的速度就会慢下来；如果你把它拉近，你的旋转速度就会变快。请注意，我曾看到我的一个老师在做这个实验时从椅子上跌落下来，所以要注意安全。建议准备一个安全头盔，或者更好的是，在网上观看这个实验的视频——虽然快乐的程度会降低，不过也会更加安全。

月球的黑暗面

在天文学中，有很多错误的命名。其中我最喜欢的一个就是"流星"（shooting star）这个说法。它们可以在任何季节点亮夜空，不过在流星雨的时候最容易看到，那时平均每小时可以有 10 到 20 颗流星。它的命名，意味着我们在夜空中看到的星星中有一颗从它原来的位置上脱离出来，划过天空。

事实上，太阳，也即我们自己的恒星（star），要比地球大 13 亿倍——所以恒星不会动不动就到处游逛。尽管名字相同，恒星和流星并无关系。我们看到的流星，实际上是少量的星尘或残碎物质进入地球大气层燃烧的样子。当地球旋转至彗星途经太阳后留下的尘埃和碎片时，流星雨便会发生。在我们经过时，很多残碎物质会在我们的大气层中燃烧，产生所谓的流星。

我喜欢的另一个错误命名是"月球的黑暗面"。这个名字听起来让人心生恐惧，浮想联翩。我们为什么看不到这一面，为什么它是黑暗的呢？实际上，就像"流星"的说法一样，没有所谓的"月球的黑暗面"——只不过从我们地球上的角度观察，看不到整个月球另一个半球的区域。它更合适的称谓应该是"月球更远的一面"。之所以发生这种情况，是因为一种叫做"潮汐锁定"（tidal locking）的现象。

在我们的太阳系，潮汐锁定是一种常见现象：所有的主要卫星都是通过这种方式和它们相应的行星连接在一起。一个很好的例子是冥王星和它最大的卫星卡戎。在这个例子中，卡戎围绕冥王星旋转一周的时间和它自传一周的时间是一样的。然而，冥王星与卡戎被"潮汐锁定"在一起，所以它也总是将相同的一面朝向卡戎。这就好比是，两者在太阳系如跳华尔兹舞一般转动时，总是相互盯着对方，目光从不转移（让人觉得比较怪异）。

潮汐锁定之所以会发生，是由于行星与它的卫星之间的引力。月球围着地球旋转时，地球强大的引力牵引着月球，导致后者朝着前者延展。当月球刚形成时，它并未和地球潮汐锁定在一起，在它围绕地球旋转时，不同的表面会朝向我们这颗行星。如果像那时一样，每经过一段时间，我们就能看到月球表面的所有地方。但是，在它的每个区域距离地球最近的时候，地球所施加的引力就会让月球发生变形，将月球拉长，在朝向地球中心的地方造成一个隆起。因为这些隆起需要一段时间形成，在它们形成后，月球的旋转就已经让它们脱离原来的直线，所以这些隆起总会和朝向地球中心的牵引力不同步。这种不同步的现象会让这些隆起表现为引力点（gravitational handles）或质量聚集，地球会吸引着它们使之重新回到一条线上，也会因此形成额外的力，让月球的旋转速度减缓下来。最终，月球的自转周期会减缓到与它环绕地球旋转的周期相匹配，然后隆起也会总是在固定的位置，指向地球的中心。到了这个阶段，引力点已经和地球的牵引力形成一条直线，不再会有旋转速度的变化，月球也就和地球潮汐锁定在一起，永远将同一面朝向地球。

这个最好命名为"月球更远的一面"的半球直至1959年才被细致地观察——当时苏联飞行器"月球3号"飞过这一面，将照片传回地球。

有意思的是，尽管月球现在已经和地球潮汐锁定在一起，整个过程还没有完全结束。这是一个非常、非常缓慢的过程，人们认为还要500亿年的时间，地球才会完全和月球完成潮汐锁定，所以不用太期待这个过程。当这个过程完成的时候，月球就不会像现在这样看起来从地球上升起又落下。反之，它会固定在天空中的某一个位置，只有地球上的一个半球可以看到它。不过，考虑到太阳以目前的状态只会存在50亿年，在我们的太阳系终结之前，地球的潮汐锁定还不会完成。

天平动

　　天平动指的是即便月球和地球潮汐锁定，仅有半个月球朝向地球的观察者，但是却有可能在地球上看到超过 50% 的月球表面的现象。之所以会发生这种现象，是因为月球的轨道不是环形的，而是椭圆形。这会使月球在地球上被观察时缓慢摆动，让我们在不同的时间看到它的更多的表面。这也是因为月球自转轴偏斜，和地球的自转轴并不相匹配。

　　天平动以多种方式进行：从北到南，从东到西，夜间或日间，根据地球一天的转动而发生。让我们先由从东到西开始。这种可观测到的现象之所以发生，是因为尽管月球的自转速度是恒定的，但是它围绕地球转动的速度却不是。如果月球围绕地球转动的轨迹是一个圆形，那么速度则会恒定不变，月球也会始终如一地以同一半球示人，而在这个方向上也观测不到天平动。因为月球的公转轨迹是椭圆形，所以当它靠近地球的时候，与距离地球较远的时候相比，速度就会加快。就整个公转过程来说，这些公转速度的变化会相互抵消，整体平均化，但是在轨道的不同地点，公转速度与自转速度相比会更快或更慢。

当月球靠近地球时，它的公转速度变快，超过自转速度。在发生这种现象时，月球的转动会相对于地球而言稍微偏向左边，于是我们便可以观察到月球右边在通常情况下"隐藏"的一部分角度了。当月球距离地球最远时，它的公转速度相对于自转速度较慢；这时月球会因此偏向于右边，显示出一部分在通常情况下"隐藏"的月球表面的左侧。这种天平动的现象会让我们在左右经度上多看到 7 度的月球表面。

相对于从东到西的天平动，从北到南的天平动较小。它是由月球的自转轴并不垂直于月球的公转轨道而造成的。这就意味着在月球公转的不同地点，当它的公转略微处于上方或下方的时候，它更多的北极和南极地区可以被观察到。这种天平动可以让我们在上下纬度上多看到 6 度的月球表面。

第三种天平动是由地球的自转造成的。这个运动意味着在一天的时间内，我们可以从想象的地月中心连线的两侧，观察到两种略微不同的月球表面。这会让我们在左右经度上多看到 1 度的月球表面。

所有的这些由天平动造成的额外的度数或局部，总计可以让地球上的观察者看到 59% 的月球表面，而不是预想的 50%。过去，在我们可以发射探索太空的飞行器之前，天平动对于获取更多的月球背面的信息至关重要。即便是现在，对于业余天文爱好者来说，天平动仍然提供了近乎神奇的好处，让我们看到月球的背面。

既然我们已经从科学的角度探讨了月球的基本特征，那么现在让我们从另一个角度——可能是一个更加个人化的角度——来观察月球。下面我要从艺术和文化的角度，潜入历史之中，探索人类和月球的关系，追溯我们之间的关联究竟有多么久远。

过去的月亮

我们文化中的月亮

月亮在夜空中扮演着如此重要的角色，人们对它的观察和思考已经有几千年的历史了。世界上不同的文化是如何看待天空的？月亮是如何激发他们的想象力的？以及自古以来月亮又是如何影响人类的生活的？类似的问题总是令我深深着迷。在这一节中，如果读者们不介意的话，我打算稍稍离题一点，谈谈我长期以来对于一个叫做"考古天文学"的学科的兴趣——这个学科主要研究的是史前文化中的天文学知识。我还想分享古往今来一些受到月亮启发的了不起的人物的故事，以及一些艺术品和遗址，它们对于我们具有启发性意义。这一部分不是对主题进行彻底、全面或详细地审视，但它聚焦的是吸引我眼球、贴近我内心的东西。

那么，让我们先来简要回顾一下人类与月球的长期关系吧。

观月简史

在我们去月球旅行之前,我们必须从远处观察它,并解释我们所看到的东西。下表的时间线显示了前人通过观察月球了解到的情况。

随着时间的推移,我们已经了解了很多关于月球的知识,并且我们对它的理解至今都在不断深入。但从它对我们的文化、艺术和生活的方式的影响中可以明显看出,即使对它的理解不断清晰和深刻,我们也一直深深地被它所吸引和启发着——科学的认识并不能使我们剥离对它的浪漫解读和想象。现在让我们更详细地看看受月亮启发和影响的一些人、地点、工艺品和艺术作品——同时,它们也反向激发了我对月球的持续迷恋。

| 约公元前 30000 年法国 | 阿布里布朗夏尔之骨:这块来自欧洲奥瑞纳文化的骨头经考古研究后,被认为带有与阴历有关的标记。虽然这一点还有待证实,但如果我们是正确的,这将是已知的最早以月亮为灵感的工艺品例子了。 |

约公元前 20000 年 乌干达/刚果民主共和国	伊尚戈骨：除了代表质数的标记，这块狒狒骨上还有标记阴历天数的凹槽。
约公元前 8000 年 苏格兰	在阿伯丁郡发现的坑洞可以在阴影中重现月相，这表明游牧狩猎采集者对月亮周期很感兴趣。
公元前 5 世纪 巴比伦	巴比伦天文学家记录了一个约 18 年的周期，被称为"萨罗斯周期"，用来预测日食。这体现着他们对月球周期的理解和可能的日月对齐的预测。
公元前 5 世纪 印度	印度天文学家每月记录月球伸长率。（月球伸长率是指以地球为顶点，太阳和月球之间的夹角。也就是说，在满月期间，月球伸长率是 180 度，在新月期间，月球伸长率是 0 度。）
公元前 4 世纪 中国，石申	天文学家石申讲授日食和月食的预测。
公元前 428 年 希腊，阿那克萨戈拉	天文学家阿那克萨戈拉认为太阳和月亮都是巨大的岩石球，我们看到月球是因为它反射阳光。
公元前 400 年 中国	中国天文学家也意识到，月球是由于其表面反射太阳的光而被我们看见。
公元前 310—前 230 年 希腊，阿里斯塔克斯	人类第一次进行了地月距离计算的记录，阿里斯塔克斯得到的值约为地球半径的 20 倍。

约公元前 150 年 美索不达米亚，塞琉西亚的塞琉古	塞琉古正确地提出了潮汐是由于月球的吸引力而产生的理论，潮汐的高度取决于月球相对于太阳的位置。
约公元前 50 年 中国，方静	音乐理论家、天文学家方静指出，月球是球形的，而不是像一些人认为的是一个圆盘形的。
100—168 年 希腊，托勒密	托勒密大大精确化了地月之间的距离。他计算的地月平均距离是地球半径的 59 倍，月球直径是地球直径的 0.292 倍，已经很接近正确值（分别为 60 和 0.273）。
499 年 印度，阿耶波多	数学天文学家阿耶波多在他的《阿耶波多集》（*Aryabhatiya*）中提到，月亮发光的原因是因为反射阳光。
950—1009 年 埃及，伊本·尤努斯	埃及天文学家伊本·尤努斯利用月食期间观测到的星星，计算出地球表面某一位置的经度。
1031—1095 年 中国，沈括	宋朝的沈括用一个寓言来解释月亮的盈亏。据沈说，它就像一个反光的银球，在上面浇上白色粉末，从侧面看，就像一个月牙。
1601 年 意大利，伽利略·伽利雷	伽利略使用自己设计的望远镜绘制了月球的第一张望远镜草图，并将其收录在他的《星际信使》（*Sidereus Nuncius*）中。根据他的观察，月球表面不是光滑的，而是分布有山脉和环形山。

1651 年 意大利，利奇奥里和格瑞玛蒂	利奇奥里和格瑞玛蒂为月球上的许多地貌设计了拉丁命名系统，发表在他们的《新天文学大成》（*Almagestum Novum*）一书中。这些名称至今仍在沿用。
1753 年 克罗地亚，博斯科维奇	克罗地亚天文学家兼数学家博斯科维奇认为，月球的大气层可以忽略不计，因为被月球遮挡的恒星——也就是说，当恒星转到月球背后运行时——其光芒会立即消失，而不是慢慢消散。
1757 年 法国，克莱罗	法国天文学家克莱罗第一次精确地计算出月球的质量。
1834 年和 1837 年 德国，威廉·比尔和约翰·马德勒	这些德国天文学家绘制的地图和出版的图书首次对月球地貌进行了精确的三角法研究，内容包括 1000 多座月球山脉的高度。
1870—1880 年 英格兰，普洛克特	普洛克特提出，月球的陨石坑是由碰撞形成的。这与当时流行的理论相反——当时普遍认可的理论认为，它们是由火山活动形成的。这一观点在整个十九世纪后期得到了普遍的支持，并促进了二十世纪早期月球地层学的发展——它属于不断发展的天体地质学领域的一部分。

五个人

　　回顾过去，曾经有一些伟大的人仰望过月亮。有些人这样做是出于科学探索的精神，而另一些人则纯粹是为了娱乐。在这一节中，我想探讨一下五位仰望过我们这个近邻天体的人。当然，人类的月球观测历史已经延续数千年，但当我们向越来越遥远的历史去漫溯时，我们会发现有关观月者的记录越发稀少。很多以口述为传统的文化由于缺少记录被遗漏，消散于历史的缝隙，他们的观月记录已经湮没在时间长河中。请读者们记住下面我要介绍的五个人，他们从历史的云烟中脱颖而出，独树一帜。

恩-赫杜-安娜（En-hedu-ana）：
"月亮女神的天文学家女祭司"（约公元前 2354 年）
　　她的名字翻译过来意味着"天空的装饰"。她的父亲是萨尔贡人，是大约4000年前乌尔（当时位于美索不达米亚，即现在的伊拉克一带）的萨尔贡王朝的祖先。她的名字也是历史上记载的第一个女性名字。

恩-赫杜-安娜被任命为她所在之城的"月亮女神的天文学家女祭司"，这意味着她管理着这座城规模庞大的庙宇建筑群以及周围广阔的农业区。她的工作囊括了许多天文任务，包括跟踪月亮的位置和月相。我一直觉得她的工作和头衔听起来别具一格，所以如果有哪个城市在寻找"月亮女神的天文学家女祭司"，请告诉我，我会发送简历。

现存不少她的图片，而至少有一个标注她的名字的半身像上挂着浓密的胡子。她在对同胞讲话时戴着这个胡子——人们认为这是地位的象征。我想指出的是，女性可能花了4000年的时间才不必用胡子来代表身份和地位，无论如何，我很幸运在参与《夜空》节目时不需要这样的装备。

除了天文事业，她还是一个多产的诗人。她写了很多月亮赞美诗，这些诗歌在她死后的几个世纪在美索不达米亚流传着。她还写了一些祈祷文，因此有人称她为

en　　hé　　du　　an　　na

恩-赫杜-安娜名字的苏美尔抄本

她那个时代的莎士比亚。她的诗歌目前只有 40 多首保存至今，诗歌的内容以她的职责为主题，如这首诗所示：

> 真正的女人拥有超凡的智慧，
>
> 她看了看一块青金石的石碑
>
> 她给各个国家出谋划策
>
> 她测量天空
>
> 她把丈量绳放在地上。

她的另外一首诗写道：

> 在吉帕尔（gipar，也即女祭司的房间）
>
> 宇宙秩序的神圣圣地
>
> 她们追踪月球的运行轨迹。

她是个了不起的女人，是我们所有人真正的榜样。

泰勒斯预测日食（公元前 585 年）

这个故事听起来就像某些史诗大片的情节。那天是公元前 585 年 5 月 28 日。开始的时候，跟平常没什么两样。吕底亚王阿律阿铁斯在哈里斯河（今土耳其中部）附近与米底亚王基亚克萨雷斯交战。这场你来我往的战争已经持续大约 15 年，必须做些什么来结束这场战斗。

一个男子孤身走进战场——但他不是普通人；他是天文学家，只有他有打破僵局的钥匙。凭借他对天空的了解，他做出了一个预言——这个预言将阻止勇士们的脚步，从而一劳永逸地解决战争。

好吧，这是好莱坞似的夸大版本，但很多人也不确定历史学家希罗多德所写的希腊版本在技术层面上是否正确。他写到，当时的天文学家——米利都的泰勒斯——在米底亚人和吕底亚人交战的那一年预言了一次日食：

> 当两国交战正酣、不相上下之际，第六年发生了一场战役——当战斗开始的时候，突然白天变成了黑夜。米利都人泰勒斯曾向爱奥尼亚人预言了这一变化将发生在这一年这一天。吕底亚人和米底亚人见到白天变成黑夜，就止住了争战，并且日后越发恳切地谋求和平。

虽然没有太多的线索，但随着我们对太阳系运行方式的理解，我们可以把宇宙的发条往后拨，看看这一事件是否可能发生以及何时发生。观察泰勒斯生活的时代发生的日食，最有可能的时间是公元前 585 年 5 月 28 日。一些人认为这可能是发生在公元前 610 年之前四分之一个世纪的一次日食，但这个问题还没有定论。由于没有更多的信息，我想我们永远也不会真正知道答案。

然而，预测日食并不像我说的那么容易。在日食中，月球在地球上的影子很窄，在任何地方，全食的最长持续时间只有 7 分钟多一点。

今天，我们可以用计算机进行这些计算，但早期的希腊人没有足够的信息来准确地预测日食。除了泰勒斯的预测之外，没有其他记录表明那个时代的希腊人准确地预测了日食。

一种解释是，人们普遍认为泰勒斯研究了埃及人的土地测量和天文学技术。那么他是利用了他们的知识进行了预测，还是从埃及人那里得知了日食的消息？

无论他是如何获得这一知识的，他对日蚀的预测达到了预期的效果——因为这个月相被广泛地解释为一种预兆。于是，当白天突然变成黑夜的时候，交战双方达成了一项和平协议，并将哈里斯河作为他们两个王国的边界。这是一个好莱坞式的圆满结局。

伊本·尤努斯:

一个超前于他的时代的人（约 950—1009 年）

伊本·尤努斯是埃及的穆斯林，也是天文学家和数学家。他以《哈基姆大历表》的作者身份被人们广泛了解——该表详细记录了大约跨度为 200 年的天文事件，包括他自己在 977 年、978 年和 979 年观测到的两次日食和一次月食。他在法蒂玛王朝的庇护下工作了 26 年，直到开罗城的建立。

他改进了一种方法，即通过观察月食期间的星星来确定一个地理位置的经度——只是这个成就不那么出名。不过，这种方法直到很久以后才在欧洲使用。

尽管在天文学史上他曾被许多学者所忽视，但他的贡献现在已经得到了承认——月球上的一个陨石坑也是以他的名字来命名。

伽利略建造望远镜（1564—1642 年）

人们普遍认为伽利略是第一个用望远镜观察月球的人，但可能有一个英国贵族捷足先登了……

我们的故事要从一位年轻的荷兰眼镜制造商汉斯·利珀希说起，他在 1608 年为自己的望远镜设计申请了专利。有一件轶事是这样说的：利珀希的孩子们在他的店里玩镜头时，有一个孩子注意到，通过两个镜头看一个遥远的风向标时，它看起来离得更近了。这项专利被拒绝了，因为人们认为这种设计已经被广泛使用——尽管如此，通过某种方式，利珀希的望远镜设计的描述引起了帕多瓦大学数学教授伽利略·伽利雷的注意。

伽利略采用了这个设计。1609 年，他制作了自己的第一台望远镜，放大倍数约为 9 倍。尽管这个望远镜对肉眼可观测的距离已经有了惊人的改进，但到 1609 年 12 月，伽利略又进一步设计了一个改进的版本——他把它对准了月球，这次他能够以前所未有的方式观察它，可以观测到它粗糙的表面上有环形山和山脉。到 1610 年，他将自己对月球和太阳系其他观测对象的观察记录写在了一本名为《星际信使》的小书中，书中还包括了 70 张他观察记录的草图。

对这本书的评价褒贬不一；公众似乎被他读到的东西迷住了，但天文学家同行们却因为这本书而一片哗然。伽利略所观测到的粗糙的月球表面并不符合教会的教义。上帝创造的天体，本质上是完美、光滑、球形的天体——这种观点不仅一直被教会宣扬，而且自 2000 年前亚里士多德时代以来，就已被广泛视为宇宙万物的运行方式。

观测结果与实际情况之间的这种差异，也许标志着伽利略与教会之间纠纷的开始。无论如何，通过制造他的望远镜，他让我们对太阳系的理解向前迈出了一大步。

伽利略与教会

伽利略和天主教会之间的裂痕在后来的几年里成为让梵蒂冈难堪的根源。1632 年，伽利略出版了一本名为《关于托勒密和哥白尼两大世界体系的对话》的书。此书以三人间的讨论为形式来展开：一个人支持哥白尼的日心说，一个人反对日心说，另一个人持中立态度。尽管伽利略声称他的《对话》是中立的，但它显然不是。亚里士多德信仰的倡导者——捍卫教会立场的人——看上去像是一个傻瓜，他陷入了自己与自己的争论中。不出所料，教会对这本书非常反感，伽利略被召去接受宗教裁判所的审判。1633 年，他被宣判有"严重的异端嫌疑"，被软禁在家（他的余生都处于这种状态）。他的《对话》和他所有的其他作品都被列为禁书，包括任何尚未成文的作品。

就在几年后，教会接受了哥白尼的宇宙理论，但直到1820年都一直禁止伽利略的书出版。1992年10月31日，也就是伽利略去世350年后，教皇约翰·保罗二世才公开发布了对他的正式道歉——为一开始就把他送上法庭而感到抱歉。

王贞仪听月 （1768—1797 年）

王贞仪是中国清朝时期的一位科学家。她写了许多关于天象的文章，并进行了实验，以了解太阳系的情况。她感兴趣的领域之一是关于月食现象的研究。为了实现这一目标，她利用历史记录，测量和计算了月球的位置，并设置了实验来研究天体的运动。她在花园的亭子里放了一张圆桌，充当地球；把一盏水晶灯挂在天花板横梁的绳子上，代表太阳；在桌子的一边，她有一面像月亮一样的圆镜。她可以像移动天体一样移动这三个物体，看看它们是如何相互作用的。在对天文学原理进行了大量研究之后，她举例说明：当月球进入地球的阴影时，月食就发生了。她针对自己的发现写了一篇文章，题为《月食解》——后人研究后发现她的观察非常准确。

尽管她的许多发现在早些时候就已经为人所知，并且其他中国天文学家也曾试图证明日食是一种自然现象，但人们仍然普遍认为日食是愤怒的神造成的。因此，对于一个自学成才的女性来说，在这样的不利环境下获得如此的知识水平，这本身就是一项非凡的成就。在逆境之下她并不缺乏自信——她坚信男女机会平等，正如她的一首诗所言："始信须眉等巾帼，谁言儿女不英雄。"

王贞仪把她的诗意也带入了她的天文学。在《听月亭记》中，她写道："或曰：'月不可以听也。'嘻，月诚不可听，而有附乎月之中以启乎听者，月于是乎可听也。"

王贞仪显示了一个"月疯子"的所有特征，我想，这是值得钦佩的。不幸的是，她的生命很短暂——她只活到了 29 岁。但在那段短暂的时间里，她做出了真正的贡献，改变了她所生活的封建社会对女性的看法。

五个地方

太阳为世界各地无数纪念碑的建造提供了灵感。其中很多纪念碑我们大家都很熟悉，比如索尔兹伯里巨石阵、纽格兰奇墓和 2006 年在开罗郊区发现的拉神庙。类似地，月球也催生了一些令人印象深刻的古代贡品。幸存下来的几个文物与时间流逝的测量有关。

测量时间的流逝是一种很实用的事情，也是许多早期文明感兴趣的事情。从自然发生的事件中得到的线索表明了自然规律的节奏，并被早期人类所注意到。与季节相关的天气变化、河流的泛滥、植物的生长周期、鸟类和动物的迁徙以及星星的运动……所有这些都表明了时间的流逝。

早期人类所理解的时间流逝最明显的迹象之一，便是月亮的盈亏。许多早期的月球纪念碑都记录了月相的变化，提供了一种公共的季节性日历，其时间刻度可以很容易地被精通天文知识的人解释。下面是一些著名例子的简介，我希望能借此激起读者了解更多知识的欲望。

苏格兰阿伯丁郡的沃伦菲尔德遗址（约公元前 8000 年）

2004 年，在阿伯丁郡的一块田地里，发现了一系列的坑洞。起初是在对该地区进行空中勘测的过程中发现了一些不寻常的作物标记。经过广泛挖掘，人们发现了一系列重要的凹穴，共 12 个，横跨 50 多公里的丘陵地带。

经研究，这些结构被认定为是为了模仿月相以便跟踪一年中的阴历月份的道具。实际上，它们是一个巨大的计时装置。

其实，当考古学家注意到整个结构与仲冬至（midwinter solstice）相对应时，他们就明白了，这个装置的用途比最初意识到其可能具备的功能还要复杂。它被建成这样，以便在阴历年和太阳年之间进行修正。令人惊讶的是，这些坑洞的年代极早——有约 1 万年的历史——是由狩猎采集者建造，而非出自定居的农民之手。这证明了这块不起眼的苏格兰田地是世界上最古老的阴历之一，甚至比美索不达米亚那些计算时间的石碑早了近 5000 年。

爱尔兰米斯郡的诺斯巨石群（约公元前 3200 年）

纽格兰奇墓是位于爱尔兰的一个史前天文遗址。这个 85 米高的土丘是一个通道墓室，以鹅卵石围就，每一块都装饰着螺旋形的图案。在冬至期间，光线通过靠近建筑群入口的精心排列的窗框，射入主室。它举世闻名，吸引了许多游客。然而，纽格兰奇墓是为膜拜太阳而建的，本节我们更感兴趣的是它鲜为人知的姐妹建筑——诺斯墓，它是为了拜月敬月而建造的。

现今在欧洲发现的所有巨石艺术中，四分之一都在这里。它的主丘和纽格兰奇墓差不多大，但它有两个通道通向中心，这样的布置是为了与月球活动相一致。

看来，这个建筑群的建造者有丰富的工作知识，足够掌握月球的运动。这使得他们能够预测日食和其他月球现象。目前认为，该遗址的活动时间可以追溯到大约 6000 年前，其中至少有 12 个阶段的活动跨越多年。

它最非凡的特征之一是雕刻了一幅据信是世界上最古老的月球地图，距今约 4800 年。需要补充的是，科学界已知的第二古老的关于月海的绘画，是 4000 多年后列奥纳多·达·芬奇所作的。

　　诺斯墓东室的雕刻（如右图所示）被认为是一张月球地图。转换到月球的肉眼观测草图上（中图和左图），便可发现这些标记与月海重合。

苏格兰刘易斯岛的卡拉尼什巨石阵（约公元前 2900 年）

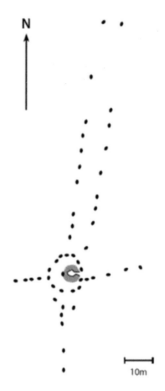

卡拉尼什巨石阵排列简图

卡拉尼什的石头已经在当地矗立了大约 5000 年，比索尔兹伯里巨石阵还要早 500 年。除了中心的一圈直立的石头，还有一系列的石头排列成十字形，并有一条平行的"大道"向北延伸。据信，古代英国人建造它们是为了追踪一种罕见的天文现象——"月球停变期"——这种现象每隔 18 年半发生一次。

如果该理论是正确的，那么这将是一项非凡的壮举，因为这需要对月球进行长达几十年的精确观测，然后还要付出巨大的努力才能将这些石头放到正确的位置。当然，他们只能每 18 年半检查一次是否对齐。卡拉尼什巨石阵充分说明了月亮在这些古人生活中的作用——他们显然很崇敬月亮，并且认为月亮在天空中的位置非常重要。

月球停变期

这一现象发生在 18.61 年的周期内，对应于月球轨道路径（与地球赤道平面相比）的赤纬（即月球轨道在地球赤道以北或以南的角距离）达到最大值的时刻。当这种情况发生时，地球上的观测者将在两周内看到月球在天空中的位置发生变化：从在天空中很高的位置降低到在地平线上很低的位置。

位于美索不达米亚（今伊拉克）

的乌尔金字塔（约公元前 2100 年）

这座金字塔的苏美尔语名字意为"根基创造气场的神殿"。最初的庙宇建筑群极具特色，除了阶梯式金字塔，还有一些其他的纪念碑——它们是为了模仿早期人们设想的诸神居住的山脉而建造的，人们为这些神祇在乌尔城创造了一个远离故乡的家园。该遗址最早的一些建筑是由乌尔纳姆国王委托建造的，以纪念月亮神南纳（Nanna）。到公元前六世纪，这座建筑群已成废墟，但后来，新巴比伦王国的最后一位国王那波尼德斯重建了比以前更大的建筑群。有趣的是，金字塔最初的地基被认为原本是由"月亮女神的天文学家女祭司"恩—赫杜—安娜主持的庙宇。拜月的历史似乎在这里横亘千百年。该建筑群的基础至今仍然存在，今天游客还可以参观。

中国北京月坛（1530 年）

这座庙宇一直到 1911 年都在由明清两朝的皇帝使用。他们会在秋分的时候在这里向夜明神（月亮）献祭。

一年的其他时间，达官贵人会光顾此地。在庙宇里的一个台子上，有一个月坛，这便是用来祭祀的地方。在建筑的综合体中有一小块耕地、一间仓库、一个厨房、一片清洗动物的区域，以及一口淡水井。这个建筑群甚至包括更衣室和休息区，供皇帝在占卜期间使用。该座庙宇于 1955 年向公众开放，周围是一个公园，市民和游客都可以参观。

五件文物

我们可以在仅存的记录中搜索，找出前人生活的痕迹。在某些情况下，我们有机会走到前人生活和崇拜的地方。但我更喜欢的考古学形式是研究过去的手工艺品。从这些物品中，我们可以了解到我们的祖先取得了什么成就，以及他们具备的技能水平。

文物通常也会让我们一窥不同类型的历史。我们在历史长河中听到的人物通常都是伟人和好人。被保存下来的地方通常是大厅和宏伟的宫殿。但对于手工艺品，我们有时可以通过观察像你我这样的普通人可能拥有的那种东西，从而瞥见古代的日常生活。

奥瑞纳文化的阴历，法国（约公元前 30000 年）

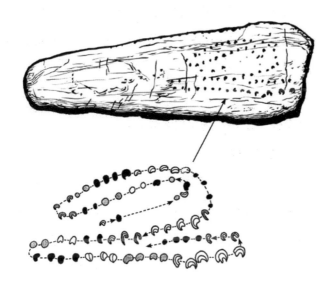

阿布里布朗夏尔骨头上标记的草图

考古学家认为，在法国阿布里布朗夏尔发现的来自奥瑞纳文化早期的骨头表面刻有月相的表征，这说明人们对月球周期的兴趣可以追溯到几千年前。旧石器时代考古学家亚历山大·马沙克是第一个意识到这些标记可能不仅仅是古人随手涂鸦的人。如果他的理论是正确的，奥瑞纳文化的这些骨头可能是世界上已知被发掘的最早的阴历。

伊尚戈骨，乌干达/刚果民主共和国
（约公元前 20000 年）

1960 年，在比属刚果（现位于刚果民主共和国和乌干达边界）发现了一块狒狒的腓骨。这块骨头很重要，因为它的表面有独特的棱纹。关于这些标记的含义一直有很多争论。一些人认为它们揭示了一种数学性的理解——它记录了一组似乎代表质数的计数。

经分析，亚历山大·马沙克认为骨头表面的痕迹代表了阴历的六个月。如果正确的话，这便成了古老的计时装置的另一个例子，并表明早期人类对月球周期知识的了解确实是全球性的。

乌加里特泥板，叙利亚（约公元前 1375 年）

在古城乌加里特废墟中发现的一块泥板上的文字，是可考的第一次关于日全食的记录。这篇古文的作者在泥板上记录了这一事件，他形容太阳在日食期间"蒙羞"。人们认为这次日食发生在公元前 1375 年 5 月 3 日，持续了 2 分 7 秒。然而，经过对石碑进行更复杂的年代测定，以及在文字中提到的在日食期间可以看到火星来推断，这次日食更可能的日期是公元前 1223 年 3 月 5 日。不管怎样，这都是有记录以来最早的日食之一。

安提凯希拉装置，希腊（约公元前 87 年）

1902 年，在希腊安提凯希拉岛海岸的一艘罗马古船残骸中发现了一件有趣的艺术品。这个物体很有趣，其复杂的机械发条机构由 30 多个相互作用的青铜齿轮组成。但当时没有人知道这是什么。该装置尺寸约为 30cm×20cm×10cm，装在一个木箱中。最初，它的碎片全部搅在一起，像一个不完整的块状物，但随着时间的推移，它被分离成三个不同的部分。

由于不清楚它的具体用途，多年来它一直被推测为第一台模拟计算机。但经过 X 射线、伽马射线和 CT 扫描的进一步研究后，2008 年，该机器的复制品出炉。结果证明，它是一个太阳系仪（太阳系运行模型），包括太阳、月球和当时已知的五颗行星。人们认为它是用来预测日食和月食等天文事件的。

经过对它的进一步分析，考古学家认为它面板上的铭文记录了希腊黄道十二宫和埃及历法。其中一个较低的刻度盘记录着预计会发生月食和日食的月份。

在随后的几代人中，这一物体背后的技术知识在某个时期失传了，直到十四世纪欧洲机械天文钟的发明，类似复杂的作品才再次出现。该机器确实远远超前于它的时代。关于究竟是谁做到了这一点，仍有很多猜测。

第一幅月球图（非伽利略版），英国（1609 年）

我们要说的下一件艺术品，在时间上有了巨大的飞跃。1609 年 12 月，伽利略制造了一台放大倍数为 20 倍的望远镜。凭借这一点，他能够以前所未有的细节观测水平，观察和绘制月球。

然而，大约在同一时间的英国，天文学家托马斯·哈里奥特（1560—1621 年）也在使用他制造的 6 倍望远镜。托马斯·哈里奥特用这台望远镜观察了月球，并在 1609 年 7 月 26 日绘制了一张草图。尽管伽利略大约在同一时间制造了他的第一台望远镜，但直到当年 12 月制造了他的第二台望远镜后，再过了四个多月左右，他才绘制出了他的观测草图。

　　因此，哈里奥特肯定创造了第一幅有日期的月球草图，但谁是第一个通过望远镜观察月球的人？是伽利略还是哈里奥特？许多人声称是哈利奥特，但从我目前拥有的证据来看，我认为这两种情况都是有可能的。

五首诗

诗歌，仅仅听到这两个字便足以唤起我们所有人的情感。简而言之，它有能力引发我们思考和感受。

在这一节中，我想探讨诗歌是如何描绘月亮的，以及诗歌给我们的感觉。

莱斯博斯岛的萨福的《午夜诗》

我列举的第一位诗人是莱斯博斯岛的萨福；她是为数不多的古代女性诗人之一。我们对她的了解不多，但相信她大约生活在公元前 630 年（另说公元前 612 年）到公元前 570 年之间。在她那个时代，她获得了很高的评价，而她的诗歌所留下的遗产至今仍被人们研究。柏拉图将她描述为"第十位缪斯女神"，她的造型呈现在很多半身像和容器上。我之所以在这里提到她，是因为有一首诗的片段据说是她写的——

它被称为《午夜诗》，内容如下：

> 月亮落山了
>
> 与昴星一道；
>
> 现在是午夜，
>
> 时间在流逝，
>
> 我独自入睡。

她用寥寥数语优美地概括了一个不安的夜晚。但更引人注目的是，从诗中所表达的少数天文细节，天文学家曼弗雷德·库茨教授和UTA天文馆勒文特·古德米尔馆长就能做一些天文侦探工作，并推断这首诗可能是在一年中的什么时候写成的。

有两条关键信息：一条是昴宿星（一个肉眼可见的开放星团）在午夜的位置；另一条则是这首诗可能的写作地点（也就是希腊莱斯博斯岛，据报道，萨福大部分时间都在那里度过）。计算显示，在公元前570年，昴宿星于1月25日午夜落下地平线，这是第一个这首诗可能被写下的时间。这个日期之后的每个夜晚，昴宿星都会提前四分钟落下。当然，我们只能得到一个大概的数字，因为尽管诗中写着"午夜"，但当时使用的水钟技术可能已经过时了，不能准确地让我们知道是否正处于午夜十二点。考虑到这一点，这首诗最晚可能写成的日期是 4 月 6 日，因为在这一天，昴宿星会在天空黑暗到足以看到它们之前落下。虽然我们可以估算出这首诗的创作日期和月份，但我们很难确定确切的年份，因为类似的情况会在几年前发生。然而，在任何选定的年份，只有在极少数的日期，月亮会在午夜前不久落下。

人们对这位诗人的生平知之甚少，这似乎令人惊讶，但我们可以从宇宙的机械性和规则性中合理推测她是何时写下这首诗的。

李白的《月下独酌》

我要举例的下一首诗是李白的，他生活在公元 701 年到 762 年之间。他所在的朝代是唐朝——一个通常被称为中国诗歌黄金时代的朝代。在当今，他的作品和他所处的时代一样广受欢迎。

《月下独酌》是他最著名的诗歌之一。引起我注意的诗句如下：

......

举杯邀明月

......

我曾多次经历类似的处境。例如，有一年在智利北部帕穹山的双子南座天文台，我白天在望远镜上安装 bHROS 仪器（一种高分辨率光学光谱仪），晚上我会独自一人喝一杯当地的特产美酒，向月亮致敬。这首诗精彩地描摹了那一刻，感觉就像我们这些疯子已经在月球周围享受着彼此与月球相伴的时光，如是徜徉了好几百年一般。

说到这里，我需要提一个有趣的轶事。传说李白是从船上伸手到河里想抓住月亮的倒影时跌落，溺水而死。无论是真是假，这都说明了月芒的诱惑力是无可置疑的。

玛丽·沃特利·蒙塔古女士的《献给月亮的赞歌》

我觉得古代对女性并不是特别友好，所以在我选择的月亮诗歌中有三首都是留给女性的，以示致敬。我要说的第三位诗人是玛丽·沃特利·蒙塔古夫人（1689—1762 年），选择的是她的诗歌《献给月亮的赞歌》：

你这神秘之夜的银色之神，

指引我的脚步穿过林荫；

你这未知喜悦的见证者，

情人的守卫，缪斯的援手！

我在你苍白的光束下独自漫步，

向你倾诉我温柔的悲伤；

你给寂静的小树林镀金，

我的朋友，我的女神，我的向导。

你，美丽的女王，从你惊人的高度，

吸引了年轻的恩底弥翁；

披上黑夜遮蔽的外衣；

还有你的伟大和冷酷。

蒙塔古是一个了不起的女人——除了她的众多佳作，她还因在奥斯曼帝国旅行时见识了天花接种的概念后，将其介绍并推广到英国，这一令人击节的壮举要比爱德华·詹纳发明天花疫苗早了 80 年。此番努力，最终成功有限，但确实吸引了一些王室成员参与进来。

她的诗《献给月亮的赞歌》很精悍，却充满了情感。我最喜欢的一句是"我的朋友，我的女神，我的向导"——对我来说，它总结了我们许多人与月亮的关系。我们在远处赞美它，我们被它的美丽迷住了，我们孤独时和它一起饮酒，即使相隔甚远，也可以找到陪伴感。它是我们生活的向导——在我的生活中，它的这一面是如此真实。当我们离开耀眼的街灯时，月亮帮助我们所有人在夜晚穿越黑暗的地球。对我个人来说，月亮影响了我的整个生活，让我走上了一条多少有些出乎意料的职业道路。

卡尔·桑德伯格的《孩子的月亮》

这首诗出自瑞典裔美国诗人卡尔·桑德伯格（1878—1967 年）之手，它优美地捕捉到了一个孩子在看到夜空中遥远的、寂静的、黄色的月亮时，在看着它的光透过树叶时，内心产生的惊奇感。在这首诗的结尾，那个孩子睡着了，嘴里念叨着她所看到的一切。

我之前提到过，我对月亮的痴迷很大程度上来自于我父亲对月亮的热爱，但《孩子的月亮》与我和女儿的经历非常吻合。按照家族传统，她和我一样也被月亮迷住了。现在我们一起远眺天空，寻找那小小的月牙。她对与月亮有关的一切都着迷，甚至有时坚持让我叫它"露娜"。

对我来说，它提出了一个古老的问题：对月亮的痴迷到底是先天的还是后天的？我们家族对它的痴迷有没有可能源自从父亲传给女儿，女儿又传给她的女儿的精神错乱的基因？还是说我女儿的兴趣纯粹是教育的问题？但还有第三个因素在起作用：月亮对儿童具有广泛的吸引力，也许这就是月球真正的美丽之处——它有能力激发出我们所有人的童真。

卡罗尔·安·达菲的《月亮上的女人》

2009 年，英国诗人卡罗尔·安·达菲将过去和现在的月亮诗歌合编成一本精美的诗集。她和我一样，表现出许多疯狂的迹象。这本选集有一些令人惊叹的诗歌珍品。其中一首诗中，主人公以月亮上的女人的口吻，讲述她回望地球，看到人类对森林和海洋造成的破坏后内心泛起的悲伤。

我喜欢这首诗，因为它展现了月亮女性化的一面。这是我一直觉得它非常吸引人的地方：她是理想的榜样，强大、平静，而且基本上可以掌控自己的命运——这一点非常像我的母亲，她从很小的时候就需要自力更生，后来更是向我展示了如何成为一个坚强、独立的女性。

最后一行诗"亲爱的，你们做了什么……对我们的地球？"这句话总结了人类自进入太空和登月时代以来最有力的精神遗产之一——"脆弱的地球"的概念。著名的照片《地出》（Earthrise）就是这一概念的缩影。这张照片是比尔·安德斯在"阿波罗8号"任务（第一个离开地球轨道绕月飞行的人类任务）期间拍摄的。当他跟他的同伴弗兰克·博尔曼和詹姆斯·洛弗尔在月球表面旅行时，他们能够看到地球升起，于是将这一美丽的图像用胶片记录下来，供后代观赏。

一段录音记录下了他们的谈话，以及他们对眼前所见的兴奋之情：

安德斯：我的天啊！看那边的那幅画！这是地球。哇，真漂亮。

博尔曼（开玩笑）：嘿，别拍，这不在我们计划的任务之内。

安德斯（笑）：吉姆，你有彩色胶卷吗？递给我那卷彩相纸，好吗？

洛弗尔：哦，天哪，太好了！

当我们在地球表面生活时，我们很容易忘记自己是生活在太空中的一个球体上。然而，登月早期从月球拍摄的地球照片，比如《地出》，就直观地向我们展示了我们是多么脆弱。许多人认为，这类图片是发起环保运动的主要诱因之一。它让我们更加意识到我们对地球的态度在很大程度上影响着我们自己，并且让我们扪心自问："我们对地球做了什么？"

所以，月亮除了本身很美，它还有其他的意义——当我们从它的轨道上回望自己时，也让我们有了一定程度的自省。

凝视着摄影中展现的月球之美，便于我们自然地进入下一节。接下来，我将向读者展示月亮是如何成为历代艺术家的灵感来源的。

五个民间故事和科幻故事

科幻小说是我最喜欢的文学类型之一。作为一个有阅读障碍的孩子，小时候的我时常觉得花力气读一页又一页的书似乎没什么意义，但是科幻小说却成为激发我阅读兴趣的原因之一。科幻小说给我讲述了如此令人惊叹的故事，实在是值得一读。

在这一部分，我还将提到一些民间故事，因此我可以把更有口头叙事传统偏好的文化纳入这一部分中——他们的许多传说都以月亮为中心，并且试图解释它在天空中的运动。同样，许多科幻小说都以月球为主角。作为我们最近的天体邻居，月球似乎是我们冒险的理想地点。总之，在本节中，我将涉及这两种类型的例子。所有这些故事至今仍能引起我的共鸣，尽管举例的第一个故事已经有2000多年的历史了。

万户（日期不详）

我觉得这个古老的中国传说需要被列入其中，因为它显示了人们对月亮近乎狂热的崇拜，以至于竭尽全力也要登月。

故事是这样的：一位名叫万户的中国官员深深爱着月亮，他决定离开地球去月亮上看看。利用当时的技术，这位官员下令将47枚烟花（装满火药的竹筒）绑在他的柳条椅上，推动他飞向月球。下属们按部就班地照吩咐做了。他们安装了烟花，点燃了引燃纸，然后撤退到安全距离。

砰的一声巨响，顿时浓烟滚滚。当硝烟终于散尽时……万户不见了。他成功了吗？

这似乎是一个道德启蒙故事，警告人们不要贪图能力范围之外的东西。有些人认为万户的故事可以追溯到公元前2000年，但这个时间是在火药出现之前约2500年，所以这个故事发生的时间可能更加靠后一些。

但要回答万户是否成功的问题，答案将无比令人惊讶——是的！他成功了！

1965年，一艘名为"Zond 3号"的宇宙飞船作为月球空间探测器被重新投入使用。它取得了成功：它第一次拍摄到月球背面 30% 的面积的照片，而这部分月球表面到那时为止还没有被人类看到过。为了向万户的传说致敬，月球背面一个宽 52 公里、深 5 公里的陨石坑以他的名字命名。1970 年，国际天文联合会正式认可了"万户"这个名字，所以，万户最终还是登上了月球表面。

月亮巴卢（日期未知）

这是一个澳大利亚民间故事，解释了人类和月亮之间的区别。在土著传说中，太阳是女性，月亮是男性。

月亮巴卢有时会在人们睡觉的时候从夜空中走下来，在大地上徘徊。在徘徊时，他会带着他的宠物蛇。一天，他来到一条河边。为了不把蛇弄湿，他让当地人帮他把蛇背过河。虽然人们喜欢巴卢，但人们害怕他的蛇，所以拒绝了帮助。巴卢被激怒了，他先是用一些漂浮的树皮过河，不让蛇沾到水。然后他拿起一块石头扔到水里，对人们说："你们也像这块石头一样，死后必沉下去，永远不会再出现。而我却像树皮；我将永远不断升起。"从那时起，人们开始讨厌蛇，因为蛇会让人想起巴卢的话。

但巴卢一直在给人类送蛇，不断提醒人们，在他需要的时候，人们没有帮助他。

这个故事让我们从民间传说中看到了月亮每晚反复升起的原因。

萨莫萨塔的琉善（约125—180年）的《一个真实的故事》

琉善是一位生活在罗马帝国时期的叙利亚作家，他用希腊语写讽刺故事。这本书的开头写道，尽管书名如此，但其内容都是"令人信服的臭名昭著的谎言"。有人认为，这本书是为了回应荷马等作家牵强的幻想而写的，琉善想要表明，相信这些离奇的故事是愚蠢的。他的故事被许多人认为开创了科幻故事的先河，这就是我把它写在这里的原因。

故事讲述的是一群船友被卷入了一场旋风，并被传送到月亮表面，在那里他们发现自己处于月亮王和太阳王之间的战争中——他们都想夺取晨星金星。琉善将外星人描述为奇怪的混血生物。我不想说在故事结尾谁赢得了战争，但在典型的神话传统中，当旅行者返回地球时，他们的苦难远未结束。

约翰内斯·开普勒（1571—1630年）的《梦乡》

开普勒是一位数学家、天文学家和占星家，是17世纪科学革命的关键人物。宇宙学家和科幻小说作家卡尔·萨根称之为"第一个天体物理学家和最后一个科学占星家"，这概括了开普勒的地位，因为他生活在科学推理时代的风口上。

他最出名的是他的科学著作，包括他的行星运动定律。不过，除了他的科学成就，他也是许多优秀科幻小说的作者。

在《梦乡》一书中，开普勒在阅读了后来成为捷克女王的公主莉布萨的故事后，进入了梦境。正如开普勒所言，"当我读到了女主人公莉布萨这位在魔法艺术中享有盛誉者的故事时，当晚发生了一些事情。在凝视了星星和月亮之后，我躺在床上，进入了沉睡。"

在睡梦中，开普勒融合了事实（天文学家第谷·布拉赫在故事中扮演的角色）、虚构（他的角色进行了月球之旅）和幻想（他们被恶魔带到了月球）。故事讲述了一个冰岛男孩的冒险故事，他的母亲有能力使用精灵/恶魔将他们运送到列瓦尼亚岛，也就是月球：

> 列瓦尼亚岛位于五万里高空。从这里到那里或回到地球的路线很少开放。当它开放的时候，至少对我们这类人来说旅行变得很容易。但是运送人类确实很困难，而且造成生命危险。

开普勒接着描述了月球的地理位置。他清楚地意识到生活在月球近侧和远侧相对于地球的挑战。

> 因此，当地理学家根据天象将我们的地球划分为五个区域时，列瓦尼亚岛也被划分为两个半球：其中一边是萨博沃尔文（Subvolvan），另一边是普利沃尔文（Privolvan）。萨博沃尔文这一边的人永远受到沃尔瓦（Volva）的光的祝福，对他们来说，它取代了我们的月亮。但是普利沃尔文的人将永远看不见地球。

这个故事是科幻小说和奇幻小说的有趣结合，这样的形式使得它成为一本引人入胜的书。它虽然写于1608年，但实际上到开普勒的儿子在1634年去世后才得以出版。

H. G. 威尔斯（1866—1946 年）的《月球上的第一人》

与开普勒相反，威尔斯是一位著名的科幻作家；他最著名的著作可能是《世界大战》，该书描述了火星人的入侵。《月球上的第一人》有点偏离了通常的月球故事线，因为这个小说中的外星人居住在月球内部。这样的设计可能是由于威尔斯生前已经出现了的大型望远镜。1901 年此书出版时，世界上最大的望远镜是帕森斯敦的利维坦（Leviathan of Parsonstown），这是一台位于爱尔兰的 72 英寸反射望远镜（72 英寸是望远镜主镜的直径）。使用这种尺寸的望远镜观月时会发现月球表面没有引人注目的重要结构，因此设定在月球内部有文明社会可能更具说服力（或者可能在地球看不到的月球背面）。

小说以名叫贝德福德和卡沃的两位冒险家为中心，讲述了他们决定尝试登月探险的故事。这两位英雄将自己送进太空所采用的是一种名为 "cavorite" 的反重力材料。虽然这个想法在当时看起来很新奇，但威尔斯实际上是剽窃了其他作家的灵感。

在前往月球的途中，威尔斯描述了失重状态；在到达月球表面时，他讨论了月球昼夜两侧的极端温度。他还想象了生活在月球内部的外星生物。他们遇到的第一个是月犊，他描述如下：

> 首先印象是它的巨大尺寸；它的身体周长大约有八十多英尺，长度大约有两百英尺。它的两侧起伏，呼吸困难。我看到它巨大而松弛的身体躺在地上，它的皮肤呈波纹状，沿着脊骨呈黑色。但它的脚我们却看不见。我还记得，当时我们至少看到了几乎没有大脑容量的头部的轮廓，它肥胖的脖子，流口水的杂食性嘴巴，小鼻孔，紧闭的眼睛。（因为月犊在太阳面前总是闭上眼睛。）

后来，他们发现了一种更复杂的外星生物：

> 他现身了……作为一个紧实、毛发耸立的生物，有着一个复杂的昆虫的许多品质：鞭子般的触须，一只叮当作响的手臂从他闪亮的圆柱形身体外壳中伸出。他的头部形状被他那巨大的布满钉子的头盔遮住了——我们后来发现，他用这些钉子来驱赶不听话的小月犊——他还有一副深色玻璃护目镜，非常靠近侧

面，给他脸上覆盖的金属器具带来了一种鸟一样的感觉。他的双臂没有伸出身体的外壳，他用短腿支撑着自己。虽然他的腿被温暖的覆盖物包裹着，但在我们地球人的眼中，这双腿显得异常脆弱。

在这个故事之后，关于生活在月球表面或月球内部的生物的幻想与讨论持续了很多年——直到二十世纪五十年代，我们的想象力都可以自由发挥。但到了二十世纪六十年代我们真正去了那里之后，真实的景象结束了这种猜测，从而破坏了我们的乐趣。如今的科幻小说，故事需要被放在更远的地方，或者在另外的时空中——这样我们才能自由发挥想象力。

月亮会让我们发疯吗？

精神错乱

我在这本书中多次提到我自认为是疯子。我父亲曾用这个词来表达爱意，从那以后我的家人就一直用这个词。对我们来说，这意味着我们受到了月球的刺激和启发。然而，关于月球影响人类行为并释放我们内心黑暗面的这种说法，其实由来已久。

"月亮"一词源于拉丁语"Luna"，而这个词也表示罗马的月亮女神。反过来，"疯子"一词来源于拉丁语"Lunatics"，意思是"月光降临"，用来指月亮造成的疯狂。这一观点相对流行，哲学家亚里士多德和老普林尼都认为，月亮影响潮汐，也会影响大脑。

　　即使在二十一世纪，我们也被大量的文化信息所轰炸——这些信息表明满月会影响人类行为。有证据支持这一点吗？2007年，在满月期间，苏塞克斯警方在布莱顿街头部署了更多巡逻队，因为他们注意到了暴力事件与月相之间的关联。2011年，《世界外科杂志》进行的调查还发现，超过40%的医护人员认为月相对人类行为有影响。然而，对于支持这一理论的每一篇论文，都有其他几篇论文观点与之相左——在研究中遵循了相同的条件之后，并没有发现二者之间存在显著的关联。

　　犯罪与月球之间存在联系的想法很可能源于过去。那时，在人造光出现之前，犯罪会更容易发生，在满月的亮度下也更容易被目击。然而，威斯康辛大学研究者提出的一种叫做"虚幻关联"的现象也可能是原因之一。这指的是一种事实上并不存在的关联的感知。作为人类，我们显然更有可能回忆起发生的"重大事件"，而不是微不足道的事件。当恰逢满月，有值得注意的事情发生时，我们会比什么都没发生时更加关注这些事件。然后我们会分享和传播这些故事——这一过程强化了满月时发生奇怪事件的想法。

睡　眠

一些研究表明，在满月期间，即使在我们不知道月亮的相位的情况下，我们的睡眠模式也可能会相对更加不安。2013 年，瑞士研究人员还发现，人们在满月时比平时平均少睡 20 分钟；20 分钟似乎不多，但对于某些疾病（如双相情感障碍）患者，它可能会引发病症发作。其他研究人员也进行了类似的测试，但没有发现任何相关性，所以我想学术界对这一点仍然没有定论！

动　物

虽然月球对人类的影响还没有被我们完全了解，但它对动物的影响却有很详尽的记录。动物世界利用月亮周期，特别是满月来同步行为举止，并给了夜行动物进行视觉交流的机会。在满月或接近满月的时候，世界各地的珊瑚在特定的夜晚同步释放卵子和精子。

其他生物在满月前后的行为也有所不同。人们认为狮子在满月前后更有可能袭击人类。可能的解释是，狮子通常的猎物会因为额外的光线而隐蔽起来，而人类则会因为满月期间更好的光照条件而外出。

狼　人

狼人的故事在世界各地的民间传说中都占有一席之地。传说中通常是在满月的时候，人会变成狼一样的生物。

关于人变成狼的最早记载之一，是公元前 2000 年左右的《吉尔伽美什史诗》。在这个故事中，一位女神厌倦了牧羊人的殷勤，把牧羊人变成了狼。这意味着他的狗和羊都背叛了他，他的结局很可怕——被他的狗撕碎了。

狼人的传说至今仍在流传，而且几乎总是与月亮有关。我最喜欢的相关作品之一是《美国狼人在伦敦》。这部 1981 年的电影由约翰·兰迪斯自编自导，充满了黑色幽默和暴力。我年轻的时候观看这部电影后感到十分害怕，但它也让我着迷。我非常欣赏这部电影的一个方面是，它的配乐都与月亮有关，从克里登斯清水复兴合唱团的《坏月升起》到范·莫里森的《月舞》（我以前最喜欢的一首歌），以及流行的经典歌曲《蓝月亮》的几个版本。

五件艺术作品

作为一名科学家，有些人可能会觉得我想要对艺术作品进行抒情性的描述是一件很奇怪的事，但这是基于一个相对较新的观念——即艺术和科学并没有太多的交集。物理学家理查德·费曼在 1981 年接受英国广播公司（BBC）一档电视节目采访时，对这种二分法进行了精彩的讨论。在采访中，他谈到了自己与一位艺术家朋友之间持续存在的分歧：

> 我有一个艺术家朋友，有时他的观点我不太认同。他会举着一朵花说，看它多漂亮，我对此表示同意后，他说："作为一个艺术家，我可以看到这是一朵多么美丽的花，但作为一个科学家，你得把这一切都拆开分析，这样它就变成了一个乏味的东西。"

> 我认为他有点古板。首先，我相信他看到的美

其他人也能看到，我也能看到。虽然我在审美上可能没有他那么精致，但我能欣赏花的美。

与此同时，面对一朵花，我可以看到比他更多的东西。我可以想象里面的细胞，里面复杂的生化反应——而这也有一种别样的美。我的意思是，不仅仅在宏观维度可以发现美，在更为微观的维度上也有美：内部结构，反应过程。花的颜色进化是为了吸引昆虫授粉，这一事实很有趣——这意味着昆虫可以看到这种颜色。

这又给我们提供了一个问题：这种美感是否也存在于低级生物中？为什么它对于低级生物而言具有美感？科学提出了各种各样有趣的问题，激起了我们的兴趣，让我们感受到一朵花背后的神秘，并且引发我们对它的敬畏。总之，科学只会增加美感。我不明白它是怎么做美感上的减法的。

在我看来，我认为这个论点是双向的：科学知识可以增强对事物之美的欣赏，而艺术知识有时可以让我们更好地理解我们所探索的科学。最关键的是让所有感兴趣的人都能接触到这两者。

描绘月亮的艺术，就像月亮本身一样，能让我产生一种难以言喻的敬畏和惊奇。在这一节中，我想提及一些艺术作品，它们对我的疯子属性产生了影响，或者说，我对月亮近乎疯狂的热爱，在很大程度上是源自对它们的兴趣。

《十字架和其他画作》

（扬·凡·艾克，1390—1444 年）

我的下一位要提及的艺术家列奥纳多·达·芬奇，在多年来一直由于首次以天文观测的精度描绘月球而被世人大加赞扬。但最近，对佛兰德艺术家扬·凡·艾克作品的分析表明，他早在 1420 年的三幅画中，就已经准确描绘了月球的隆起和高地地区。他究竟是如何获得如此详细的月球表面信息的？这是一个谜。他有什么放大工具吗？可惜的是这个谜团可能仍然将长期盘踞在我们心中，因为他的笔记本都没有保存下来。

《月球素描》

（列奥纳多·达·芬奇，1452—1519 年）

达·芬奇的月球草图促使他开始研究一种叫做"地

照"或"灰光"的有趣现象（见第191页）。观察它是一件很神奇的事情：当你抬头看新月时，你仍然可以看到它后面满月的微弱轮廓和光芒。当太阳的光线从地球反射到月球上再反射回地球时，就会产生这种现象。

达·芬奇目睹了这种现象。从他的观察中，他能够找出这种现象发生的原理。他把自己的发现写进了后来的《莱斯特抄本》（以莱斯特伯爵托马斯·科克的名字命名，他于1719年购买了这本书）。

达·芬奇接着得出了月球被水覆盖着的结论，并且他认为这就是月球反射太阳光的原因。尽管这个想法是不正确的，但他确实提出过正确的结论——月球有自己的引力，使水保持在它的表层，而不是让它落到地球上。他阐述，如果水会落到地球上，那么月球也会落到地球上。恰如他说的："因此，月亮下落就清楚地证明了上面的水和土地是由其他元素支撑着的，就像下面的重元素和轻元素被支撑在一个比它们本身更轻的空间里一样。"

敏锐的观察力和艺术火花，让达·芬奇看到了他画笔下的事物背后的科学原理。

《气泵里的鸟实验》

(德比郡的约瑟夫·赖特，1734—1797 年)

1768 年，德比郡的约瑟夫·赖特绘制了这幅著名的画作，描绘的是一位旅行科学家演示如何通过从装有凤头鹦鹉的烧瓶中取出空气来制造真空的画面。如果实验持续更长时间，凤头鹦鹉肯定会死亡。把它归为与月亮有关的画作似乎很奇怪，因为月亮不是这幅画的一个突出特点。然而，我喜欢这位艺术家的作品。他的许多作品都以月亮为主题，其中不少都向观众展示了科学实验。这吸引了我内心的科学传播者人格，但最吸引我注意的是他对光的使用。在他的许多画作中，我们看到一群人被靠近画作中心的单一光源照亮。这给了我们一种被封闭在人群中的感觉。

他还设法在画作中注入了许多情感。年轻的女人双手捂着脸，恐惧且厌恶地转身离开实验现场。女孩抬起头来，好奇与害怕之下，她紧紧抓住同伴。作品中的另外两个人似乎在平静地聊天；一个年长的男人则以智慧的眼光看着实验现场，仿佛知道接下来会发生什么。这感觉就像是一个生活中真实且快乐的时刻，被凝固住并画在了画布上。画面中，我们可以看到，穿过打开的窗户，一轮满月透过稀薄的云层默默地注视着这场实验。在我看来，这是科学、艺术和情感的完美结合。

《月球风景》

（罗伊·利希滕斯坦，1923—1997 年）

罗伊·利希滕斯坦是美国著名的波普艺术家，与安迪·沃霍尔和贾斯珀·约翰斯是同时代人。他最著名的作品包括《Whaam!》和《溺水的女孩》。他的作品有一种独特的漫画风格，在全世界都很受欢迎，所以，他选择月亮这样世俗之外的物体来作为创作主题，似乎有点奇怪。目前，在利物浦泰特美术馆展出了他的一幅名为《月球风景》的塑料丝网版画。

利希滕斯坦在长岛有一所临海的房子，据说正是这个地方的景色激发他创作了一些引人注目的海景画。《月球风景》这幅画让我最着迷的地方是，尽管月亮是相当被动的，云是用画家本人最为惯用的传统卡通印刷风格渲染的，但大海被描摹成了一个动态的景观。事实上，在书上或网上浏览这张画作并不能完全领会它的神韵。对我来说，这张画作里面的每一个景象看起来都是独一无二的。我把它列在这里，是因为它启示我们，像月亮这样传统的主题可以用如此新奇的方式来进行创作和描摹。这是对我们关注了几千年的事物非常现代的诠释。

《月亮之上：一种光学错觉》
（罗伯特·刚索维斯，1959—2017 年）

罗伯特·刚索维斯是一位加拿大超现实主义艺术家，他把自己的作品定义为魔幻现实主义。他的灵感来自埃舍尔和达利等艺术家的作品——这些艺术家我也很欣赏，他创造了一个我想要一探究竟的美丽世界。不出所料，考虑到他作品的性质，月亮经常出现在他的画中。

引起我注意的那幅画叫《月亮之上》——一个女孩在昏暗的夜空中荡秋千。她的腿高悬在空中，她的头和身体尽量向后倾斜。在失重的那一瞬间，她脸上洋溢着喜悦的笑容。她的秋千挂在一棵树上，而秋千背后是一轮巨大的满月。月亮的表面被添加了丰富的细节。当我们仔细品读这幅画时，会发现月亮被云层所笼罩，变成了一个更加宏大的包裹着光影的月亮，其表面被画家详尽地描绘了陨石坑和月海等内容。这颗巨大的月球悬挂在宇宙的黑暗中，而这个女孩的秋千已经荡出了很远。

这张照片勾起了我许多童年的回忆，包括奋力荡起秋千时那种纯粹的快乐——有那么一会儿，我真的觉得是自己在对抗地心引力。我一直在想，如果让秋千荡得足够用力，我就能把自己发射到太空中去。这幅画唤起了我心中的月亮和我的稚气，每次看到它，我都面带微笑。

不幸的是，罗伯特·刚索维斯在 2017 年自杀了，但是他留下的精神遗产仍然久久地启发着我们。

这一章探索了我们与月亮之间一种非比寻常的关系——不是由物理规则控制的科学关系，而是一种情感关系。我们关注了月亮是如何激发我们的感觉和行动的。正如我们在前文看到的一样，这种关系实际上可以追溯到人类起源时期——但它会继续下去吗？当我们俨然已生活在一个 24 小时灯火通明的世界里，当我们不断对自然界造成污染并因此受到灾害的侵扰，我们是否正在渐渐失去与我们的星空伴侣长期以来的联系？

　　但是，转头看看我们的下一代，正如桑德伯格的诗所展示的那样，他们仍然对夜空有一种天生的迷恋。也许作为成年人，我们应当保持内心中月光的澄澈明亮，继续像我们小时候一样享受它的存在。

现在的月亮

一个更加聚焦的视角

月球为我们做了什么？

这是一个经典的蒙提·派森式问题*：月球对我们有何贡献？我们模糊地知道月球带来了潮汐，但是除此之外，这块宇宙中的石球对地球上的我们还有什么帮助呢？

我一直很热爱月球，但我觉得自己和很多人一样，把它视作理所当然，对它的巨大贡献一无所知。因此，本章我将深度探讨我们与这位最近的邻居之间的关系，挖掘月球在日常生活中对我们的贡献，探究如果月球距离我们更近或更远，地球上将发生什么。

---

* 蒙提·派森（Monty Python，也作 The Pythons），又译为巨蟒剧团、蒙提巨蟒等，是英国的超现实幽默表演团体。——译注

月球的原始力量

我们从潮汐这一最基础的现象谈起。潮起潮落在海滩边、河流里随处可见，我们还可以在每天不同时间段清楚地观察到涨潮与退潮。不过，若想观赏世界上最雄伟的潮汐奇迹之一，我们得翻山越岭去到苏格兰西海岸，那里有个地方叫洛拉瀑布。

在这里，大西洋的海水每六个小时就会涌进埃蒂夫湖，每六个小时又会再次涌出。4500万吨水必须要通过康内尔桥的一个狭窄通道，形成急速湍流，激起滚滚白浪。

世界各地的皮划艇好手齐聚于此，共享月球带来的此番盛况。他们与瀑布搏击，后者不断旋转、冲击、倾覆船只。若想不被湍流卷走，他们必须奋力划行。那么，太空中究竟发生了什么，可以搅动地球上这般巨大的水量？

其实这一切都与引力有关。地球对月球施加引力，将其控制在轨道上；相反，月球也会对地球施加引力，拖拽地球上的海洋，形成"潮汐隆起"。

尽管潮汐主要是由月球引起的，但太阳的引力对潮汐的运动也起到了一定作用。太阳的引力时而会强化月球对潮汐的影响，时而会削减，这一点将在后面的章节中详细论述。我们先从简单的入手，探讨一下地月系。

月球的质量大约是地球的一百分之一，但由于距离地球较近，月球施加的引力很大。随着地球的自转，月球的引力会影响到地球正对月球下方的部分。当正对月球下方是陆地时，我们观察不到显著的运动；但如若正对月球下方的是海洋，月球的引力便会导致海水运动，使其向月球方向隆起。

隆起的程度不仅取决于引力的大小，还取决于引力作用的位置。在地球表面靠近月球的一面（近月面）受到的引力比远离月球的一面（背月面）大7%。

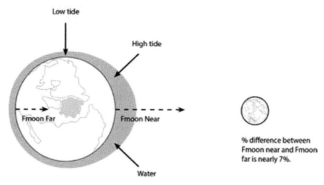

Diagram showing 'differential force', causing a single water bulge on Earth.

"差动力"导致地球表面的潮汐隆起

EARTH MOON SYSTEM （not to scale）	地月系 （图片未按比例绘制）
Low tide	退潮
High tide	涨潮
Fmoon Far	背月面
Fmoon Near	近月面
Water	水
difference between Fmoon near and Fmoon far is nearly 7%	作用在近月面与背月面上的引力相差将近7%

这种现象被称作"潮汐力",但"潮汐力"并不局限于"潮汐"。潮汐力还会导致许多不同现象,包括黑洞中的"面条化"*(即物体在掉入黑洞时被大幅拉长的过程)。因此,我更愿意将这种力概括性地称为"差动力",而非"潮汐力"。地球在自转过程中会穿过隆起点,此处便会涨潮。隆起点远处与涨潮点相互垂直的位置(如图所示)将开始退潮,因为退潮处的水被引力拉向了涨潮的位置。

不过地月系的复杂程度远超于此。按照上述情况,一个地方每天应当只出现一次涨潮,但事实是大部分地方会出现两次。这是为什么?其实原因在于,除了沿着月球方向形成的潮汐隆起,地球的背月面还会形成一种相同的隆起。这又是什么导致的呢?

除了月球的引力,另一种力也在起作用。这种力的出现是由于地球与月球的旋转。我们认为月球是绕着地球旋转的,这的确没错,但月球并不是绕着地球的中心旋转的。事实上,月球和地球都绕着它们之间的一个共同点旋转。这个点叫"质心",是两个天体的质

---

* 在天文物理学中,面条化,亦称意大利面化或意大利面效应(Spaghettification),指物体在强大的非均匀重力场中,受到垂直方向拉伸与水平方向压缩而变得细长(形状如面条)。——译注

量中心。

我们在谈论月球时经常会提到的一点是，作为地球的一颗卫星，月球相对而言质量较大。正因如此，两个天体的共同旋转点并不在地球中心，而是在距离地球中心大约 4700 千米处，这个位置仍在地球 6400 千米的半径范围内。

让我们再次回顾一下第一章中提到的两个滑冰者绕着彼此旋转的类比。如果两个体重相同的成年滑冰者握着彼此的手旋转，那么他们的旋转中心会在两个人的正中间。接下来我们将其中的一个成年人换成儿童。成年人的体重远超于儿童，因此当他们旋转时，儿童基本上在绕着成年人的轨道旋转，转动过的距离也远超成年人。但成年人并不是原地不动。如果从两人的上方观察，会发现成年人和儿童在绕着双方之间的一个共同点旋转，只不过这个共同点距离成年人更近。这就是前面提到的质心。由于儿童体重较轻，成年人将会绕着这个共同点摆动。这种情景进一步解释了地月系的运行机制。在地月系中，"儿童"代表着质量较小的月球，而"成年人"代表着质量较大的地球。

接下来我将用一种较为怪异的情形解释第二波潮汐出现的原因。假设这位成年滑冰者身穿一套怪异的服装——他套着一个装满水的甜甜圈型橡胶圈。你能想象这幅画面吗？听起来确实有点怪。随着儿童和这位身穿奇装异服的成年人绕着彼此旋转，橡胶甜甜圈里的水开始向外隆起，并远离儿童所在的方向。这种现象之所以会出现，是由于一种名叫"离心力"的旋转力：当一个物体沿着一条曲线轨迹运动时，离心力会使旋转物体远离其旋转中心（在地月系中旋转中心即质心）。对于两位滑冰者而言，离心的方向即远离儿童的方向；在地月系中，离心的方向就是远离月球的方向。

所以，一方面，月球的引力将地表的水拉向月球；另一方面，地球旋转产生的离心力又将地表的水拉离旋转轴，而这个方向恰巧是远离月球的方向。因此，在潮汐系统中，有两种潮汐隆起，也会出现两次涨潮。在垂直于潮汐隆起处的地表位置，会发生退潮。

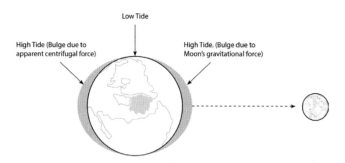

月球引力和离心力造成两次涨潮

High tide（bulge due to apparent centrifugal force）	涨潮（由于离心力产生的隆起）
High tide（bulge due to Moon's gravitational force）	涨潮（由于月球引力产生的隆起）
Low tide	退潮

刚才的举例有些许怪异，但是接下来你将看到更加光怪陆离的内容。之前提到，导致潮汐的不仅有月球，还有太阳。太阳的质量远远大于月球（几乎是月球质量的 3000 万倍），但是相比起月球，太阳距离地球十分遥远（日地距离接近月地距离的 400 倍）。你可能会认为，鉴于日地距离如此之远，太阳对地球潮汐的影响应该非常微弱，但情况并非如此。事实上，太阳对地球的引力比月球对地球的引力强 180 倍（没错，太阳就是如此巨大）。不过，太阳对潮汐的影响的确没那么强，只有月球对潮汐影响力的大约 46%。的确，写到这里，我自己都觉得内有玄机，因此，想了解为什么月球会把控潮汐，我们需要进一步探究。

如上所述，实际上重要的不仅仅是作用力的大小，还包括地表不同位置感受到的作用力的差异，即差动力。

滑冰者的例子展现了一个完整简单的系统，但事实是月球在地球上的引力作用不尽相同。距离月球越近，引力越大，所以地球的一侧受到的引力影响远大于另一侧。

太阳引力也是一样的原理：距离太阳最近的一侧受到的作用力更大。但是，不同面之间太阳作用力的差别较小，仅有0.02%的差异；而不同面之间月球作用力的差别却高达7%，因此，月球对潮汐的影响约比太阳对潮汐的影响大一倍。

有趣的是，当太阳和月球在沿同一方向对地球施加引力时，引力增强，产生潮汐。这种现象每个月会出现两次，分别在新月或满月时。此时太阳和月球沿同一个方向叠加引力，作用力达到最高，形成超高潮。此外，在满月时，太阳和月球恰巧相对，它们便会共同对两个方向相反的潮汐施加引力。这种潮差极大的现象被称作"大潮"。

与"大潮"完全相反的现象发生在月球与太阳的作用力方向互成直角时，此时潮汐的潮差最小，被称为"小潮"。

其他因素也会影响到潮汐，比如地形。风和天气还会影响水位：强劲的离岸风会将海水吹离海岸线，让低潮更加明显；而向岸风则会将海水推向岸边，低潮便会更加难以察觉。除此之外，高压与低压的天气系统也会导致潮汐高于或低于预期。

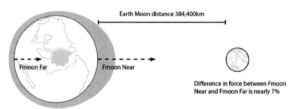

EARTH MOON SYSTEM (not to scale)

Earth Moon distance 384,400km

Fmoon Far

Fmoon Near

Difference in force between Fmoon Near and Fmoon Far is nearly 7%

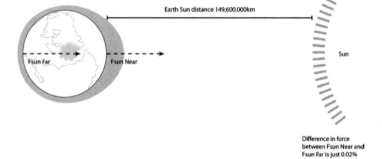

EARTH SUN SYSTEM (not to scale)

Earth Sun distance 149,600,000km

Fsun Far

Fsun Near

Sun

Difference in force between Fsun Near and Fsun Far is just 0.02%

如图所示，相比起日地系，地月系中"差动力"更大。

EARTH MOON SYSTEM（not to scale）	地月系（图片未按比例绘制）
Fmoon Far	背月面
Fmoon Near	近月面
Earth Moon distance 384，400 km	地月距离 384400 千米
Difference in force between Fmoon Near and Fmoon Far is nearly 7%	作用在近月面与背月面上的引力相差将近 7%
EARTH SUN SYSTEM（not to scale）	日地系（图片未按比例绘制）
Fsun Far	背日面
Fsun Near	近日面
Earth Sun distance 149，600，000 km	日地距离 149600000 千米
Difference in force between Fsun Near and Fsun Far is just 0.02%	作用在近日面与背日面上的引力仅相差 0.02%

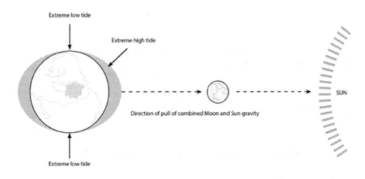

New Moon Spring High Tide.

Extreme low tide

Extreme high tide

Direction of pull of combined Moon and Sun gravity

SUN

Extreme low tide

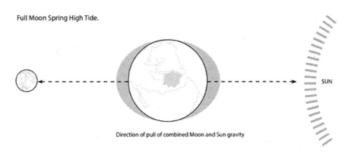

Full Moon Spring High Tide.

SUN

Direction of pull of combined Moon and Sun gravity

当月球和太阳的引力作用方向相同或完全相反时，出现超高潮。

New moon spring high tide	新月大潮
Extreme low tide	超低潮
Extreme high tide	超高潮
Direction of pull of combined Moon and Sun gravity	月球和太阳引力之和作用的方向
Full moon spring high tide	满月大潮

潮汐的平均高度大约为 1 米，但是在苏格兰西部的洛拉瀑布，由于海岸线的地形，这里的潮汐是平均水平的四倍之高，造就了一番雄伟瑰丽的奇景。

以上便是潮汐的简要介绍。有了基础的认识，接下来就让我们进一步了解地月系。如果地月距离改变，月球离我们更近或更远，会发生什么？

月球的移动

这里我们就不再折磨滑冰的朋友了，换一个新的情景。磁力和引力的作用方式是非常相似的：两个物体距离越近，相互作用力越强。因此，新情境中取代溜冰者的将是一袋铁屑和一块磁铁，或者更理想的情况下，用一块铁磁流体（一种在磁场中会被磁化的液体）代替铁屑。铁磁流体代表地球海洋中的水分子，磁铁代表月球。当我将磁铁靠近铁磁流体时，作用力增强，流体会向磁铁方向凸起；但当我把磁铁移开时，凸起会变小。

这是物理学的一个基本定律，解释了重力和磁力的作用。这条定律被称为"平方反比定律"，本质上是指任何两个物体距离越近，磁吸引力就越强——换言之，对于地月系而言，两个天体距离越近，万有引力越强。

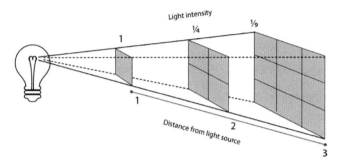

　　光线强度与光源距离的平方成反比，因此距离光源越远，光线强度越弱。

Light intensity	光线强度
distance from light source	光源距离

那么如果我们将月球移近 10 倍，甚至 20 倍——这会产生什么样的潮汐呢？

　　为了更好地理解这条物理定律，我们来设想一个漆黑的房间中的一点光亮。这束光源散发出的光线强度与光源距离的平方成反比。这就意味着距离光源越远，光线越弱。与光源的距离翻倍时，每单元区域的光线强度只有原来的 1/4；与光源的距离增加到原来的三倍，每单元区域的光线强度会缩减到原来的 1/9。

　　运用在现实中，如果地月距离缩小一倍，会发生什么？根据平方反比定律，引力将增强到原来的四倍，地球上的潮汐会变得更高，浪潮会更加汹涌。苏格兰西海岸的洛拉瀑布会如同洪水猛兽，淹没低洼处的海岸线。而这还只是将月球移近一倍的时候！

超大月球，超大潮汐

　　现在设想一下，假设地月距离变得更近，假设天上的月亮是现在的 20 倍大，场面将有多么壮丽辉煌！彼时月亮的亮度将是现在的 400 倍，夜晚将接近白昼。（但月光仍无法等同于日光，因为太阳的亮度是满月的 40 万倍。）满月与新月大相径庭。当月亮的亮度是现在的 400 倍时，人们将难以入睡。不过，相比地球潮汐会受到的影响，这一点完全微不足道。

退潮时，海水会后退并露出大片海床，各种生物都会被暴露在外。涨潮时，超级潮水会奔涌而过，吞噬它所遇到的一切。当它越过田野和山谷，穿过城镇和城市，低洼地区的土地将被淹没。荷兰将被水淹没，日本列岛和新西兰只有地理位置最高的地区可以幸免于难。在英国，西米德兰地区将是不列颠群岛中唯一一片涨潮时高于水位线的地区。伦敦、东京和纽约这样的城市将被完全淹没，只有个别高耸的建筑物会从水中露出顶部。庞大而美丽的月亮实则蕴藏着真正的危险。

这些疯狂的假设听起来似乎像一部牵强附会的好莱坞灾难电影，但是，曾几何时，当月球刚刚形成，它离地球的确这般近，并且释放出了如此骇人的潮汐力。

生命的物质

地月相互作用所引起的诸多现象中，潮汐的运动是最为我们所熟知的一种。但除此之外，月球还在以一种更基本的方式影响着地球。近期有研究显示，月球的形成或为地球上生命的出现提供了首要条件。这该从何说起呢？

自从有能力考虑这个问题以来，人类一直想知道地球上生命的起源。是什么开启了进化的过程？第一个单细胞生物体为什么会进化？又是如何进化的？

想要回答这些问题，我们需要穿越（至少在脑海中）到一片与早期地球相似的地带。这是一片火山地带，有冒烟的火山喷气孔、嘶嘶作响的泥塘，以及从地壳裂缝中渗出的熔岩。如此情景的确与地球早期相似，但显然不是一个适宜居住的好地方！不过我们需要设想这样一幅景观，以及当年地球在与忒伊亚或其他天体相撞并形成月球之后的动荡场面（前提是假设这一理论是正确的）。超大潮汐紧随天体撞击而发生，剧烈的火山喷发重构了地球的大气成分——结果证明这种改变方式对地球大有裨益。

新产生的气体以自由氢*、硫化氢和甲烷的形式抵达大气层。如今人们眼中恼人的有毒气体对早期地球而

---

* 地球上的氢通常以分子状态与另一个氢原子结合，形成一个氢分子。在自由氢的情况下，原子保持无键状态，这意味着此时原子十分活跃。

言，是生命不可或缺之物。

"米勒—尤里实验"是二十世纪五十年代的一项著名实验。实验命名自两位首次开展此实验的化学家——斯坦利·米勒和哈罗德·尤里。通过将这三种气体混合并加热至当时地球的高温，他们试图重新创造早期地球的生存条件。他们还在实验中添加了电火花来模拟早期地球上的闪电。

实验最终得到了一层薄薄的棕色黏泥。结果看起来并不振奋人心，但其实他们的创造物远不亚于构成生命的基本要素之一——通过此实验，他们创造出了蛋白质的基本构成单位：氨基酸。

这是一项了不起的突破性发现：它证明仅仅使用早期地球存在的元素就可以创造生命。但是仅凭借这一点并不能解释地球上生命的存在。这里遗漏了一个要素，即遗传信息是如何进行代际传递的？

任何生命想要进化，都需要传递基因信息。所有蛋白质都需要进行精准的自我复制，传给新一代。一种人们知之甚少、名为 RNA 的化学物质将在这一过程中发挥作用。

RNA 全称为核糖核酸，是 DNA 不太出名的近亲。不过不太出名并不意味着它不重要。RNA 充当细胞的信使，它的存在让 DNA 能够与机体的蛋白质工厂进行交流。至关重要的是，RNA 可以自我催化——即 RNA 包含自身的遗传信息，可以自发地进行自我繁殖。

因此，许多生物化学家认为 RNA 是 DNA 的前身——换言之，RNA 是构成所有生命最基本的原材料。不过，RNA 是如何突然出现在地球上的呢?

始于潮汐

多年来，科学家们试图找出如何仅利用早期地球上存在的物质和条件创造 RNA。近些年，科学家们已经破解了这个秘密——月球似乎在创造 RNA 的过程中扮演了重要作用。

如果我们回到地球的原始时期，也就是月球形成大约 5 亿年之后，一切看起来都更像我们如今所熟知的地球。此时地球的表面已经冷却下来，较低的温度下会出现大量硫磺水，被露出地面的岩层分隔开。当月球从地球上方掠过时，我们看到了来回往复的巨大潮汐。别忘了，那时地月距离远比现在近，因此潮汐也十分庞大。

潮间带由此诞生：退潮时露出大片的土地，涨潮时土地被再次覆盖。今天，我们不妨去多石的海滩或海湾看看——那里四处点缀着小小的岩石区潮水潭，还有各种各样的生物——在那儿，你可以找到这些人类进化史上不可或缺的潮间带。

每次退潮时，有机化合物会随着潮水的消退沉积在潮水潭中。随着时间的推移，太阳升起，将潮水潭中的水蒸发。由此一来，剩余化学物质的浓度会越来越高，只有在下次潮水到来时才能被再度搅动。月球引力引发的潮汐涨落，在彼时创造了一个物质丰富的化学汤池，而 RNA 便是由此形成的。

这并不只是一个抽象的理论。湿化学——即采用液体样品进行的化学实验类型——可以帮助我们在实验室中重现这一过程。以下是具体做法：将原始化学品放在一个锥形瓶中，加热并去除蒸发的水分以浓缩化学物质，重新给这道"化学汤"加水，然后再次重复全过程。不断重复这个循环，并使用紫外线灯光模拟早期太阳的强烈紫外线辐射。在不断重复的过程中，会出现一种白色的液体。分析这种液体后会发现，它包含自我复制的 RNA 链。就这样，我们创造出了构成生命的最基本要素。

当查尔斯·达尔文思考生命的起源时，他推测生命起始于一个"温暖的小池塘"。诸如此类的实验表明，达尔文或多或少是正确的。这些潮间带就是达尔文的温暖池塘——也是原始的化学实验室。在这里，第一个生命开始演化。而这一切，都是翩然而过的月球"精心策划"的，真是妙不可言。

漫游之月

目前为止，月球已经为我们提供了潮汐、生命所需气体以及构成生命的化学物质自我繁殖的机制——相信在任何人看来都算相当多了。但是，月球所做的远远不止这些。

自从 38 亿年前地球首次出现生命以来，月球对生命的进化始终有着深远的影响。它是如何做到这一点的呢？其实这是因为月球会影响地球的自转速度。

我曾被邀请参观美国最大的望远镜之一，正是在那时，我对地月之间的影响机制有了深入了解。该望远镜位于新墨西哥州沙漠中的阿帕奇点天文台，这里是月球激光测距项目的所在地。

此项目是阿波罗计划的遗产之一。如前所述，在那次人类登月计划的最后几次任务中，宇航员们留下了放置在月球表面的手提箱大小的反光镜阵列——反射器。这些反射器可以将地球散发出的光束反射回去，由此天文学家便可以测量地球和月球之间的距离，精确度为毫米级。

从地球上测量距离的实际操作并不简单。首先，需要效仿天文学的普遍操作，找到一个月朗星稀的夜晚。肉眼检查望远镜并将其瞄准其中一个反射器（我在那里时瞄准的是"阿波罗15号"），然后开始对反射器进行连珠炮式轰击。阿帕奇点天文台的天文学家们向反射器发射名叫光子的超强激光脉冲。然而返回的信号十分微弱。每个脉冲发射的10亿亿（即 10^{17}）个光子中，只有极少数会被反射回来。曾有人将这个过程描述为试图击中一个3千米外射击场中来回移动的靶子，命中率之低可想而知。但即使每个脉冲只会反射回几个光子，我们仍可以计算出地月距离。

参观望远镜的那个晚上，我们很幸运，恰逢几千个光子被传回望远镜。通过对往返时间进行精确到万亿分之一秒的测量，我们可以得到一个非常准确的测量值。那晚月球与我们的距离是 393499 千米 257 米 79 厘米 8 毫米。

我在阿帕奇点天文台的参观相当短暂，但在过去 40 年里，科学家们一直在进行类似的测量，并且取得了成千上万的结果。从这些结果中，他们已经发现月球正在以平均每年 3.78 厘米的速度缓慢地远离地球。如前所述，这与我们指甲的生长速度差不多。

月球曾经离我们较近，但现在正在慢慢远离。这种长期的远离是月球的加速导致的——随着月球加速，它会进一步远离地球。但问题在于，随着月球加速远离地球，地球会失去动力并开始减速。换言之，地球的自转，以及地球上每天昼夜的长度，都是由月球的位置决定的。月球离我们越近，白天越短；月球离我们越远，白天越长。

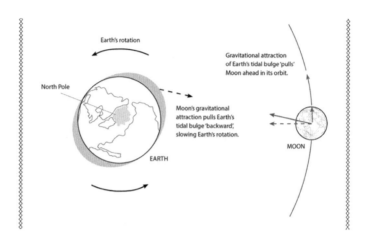

North pole	北极
Earth's rotation	地球自转
Moon's gravitational attraction pulls earth's tidal bulge "backward," slowing earth's rotation.	月球的吸引力将地球的潮汐隆起"向后"拉，导致地球自转减速
Gravitational attraction of earth's tidal bulge "pulls" moon ahead in its orbit	地球潮汐隆起的吸引力"拉"着月球在其轨道上前进

月球为什么在加速？

由于重力的作用，地球和月球对彼此施加引力。这种引力在月球上造成了明显的隆起（研究发现，地球的引力作用导致月核偏离中心）。地球上的隆起主要是潮汐的运动造成的。正如我们所看到的，月球将潮汐拉向自己，而地球仍在下方自转。潮汐隆起无法与地球的其他部分保持同步；由于速度不同，潮汐会落后于地球的自转，导致地球和潮汐之间形成摩擦，摩擦与其他效果相抵消后，仍会导致地球减速。

地球在自转，并且表面覆盖着水，因此会对潮汐隆起产生拉力，使其无法与月球同步，只能保持在月球前面。由于潮汐隆起的是大量海水，质量很大，它会对月球施加一个不算强大但却显著的引力，导致月球在其轨道上向前移动，从而有效地加速其运动。

因此，潮汐隆起既会导致地球减速，又会加速月球运动。这个过程即"角动量守恒"，意思是对于地月系这种关联系统而言，角动量既不会出现也不会消失，必须保持不变。因此，如果一个天体（地球）因潮汐摩擦减速，其关联天体（月球）必须加速。在地月系中，关联天体的加速是由于潮汐隆起产生的额外引力。

一天不足 24 小时?

我们的确用激光照射月球,然后注意到了一个小小的变化,但是如果穿越回去,我们是否能找到其他证据证明每天的时长真的发生了变化?过去的一天真的比现在的短吗?

这些证据其实蕴藏在海洋之中。百慕大地区温暖水域的热带珊瑚礁中,有一种名叫"Eusmilia fastigiata"的花珊瑚。这种珊瑚非常有趣——随着"骨架"的生长,它在生命中的每一天都会分泌一层独特的新鲜碳酸钙层。如果在数码显微镜下观察这种珊瑚,并且计算其分泌的碳酸钙层数,我们就可以算出它活了多少天。由于冬季的生长速度比夏季缓慢,我们还可以分辨出它生长的每个年份,就如同计算树的年轮那样。因此,我们可以观察到这种珊瑚在一年之内有多少天在生长。

同样的方法还可以应用于生活在 4 亿年前泥盆纪时期的珊瑚化石。通过计算每年化石层的日增长,我们会发现天数和年数对不上。简单说,换算过来每年的天数超过了 365 天,达到了大约 400 天。

一年的绝对时长是由地球绕太阳公转的轨道决定的，而这个轨道在过去几十亿年间始终保持稳定。因此，如果曾几何时地球上每年有四百个昼夜，那只有一个解释：即地球那时的自转速度一定更快，每天的时长也一定更短。简单计算一下，我们可以把一年的小时数加起来（8760），然后除以珊瑚化石上每日骨架层数总和（400）。由此可以算出在泥盆纪时期，每天有 21 小时 54 分钟。

这个想法令我惊诧不已。我一直以为在地球上，每天自始至终都是 24 小时，这似乎是一个不可撼动的天文学标准。然而，事实是在月球与地球愈行愈远的这段漫长过程中，只有我们现在这个时期，地球上的每日时长才是 24 小时。

那么如果我们继续往前追溯呢？再计算一番后，我们可以得出 45 亿年前，当月球刚刚开始其漫长的旅程时，每天的时长一定会更短：只有 4.7 小时。彼时一年不是 365 天，而是 1827 天。没错，太阳每年会东升西落 1827 次，每五个小时就会有一次日出和一次日落。

若要感受如此短暂的日长，只有一个地方可以去——那就是国际空间站（ISS）。国际空间站自 1998 年以来一直绕着地球运行，接待了来自 17 个不同国家的人类。为了不受地球引力的影响而保持在轨道上，国际空间站必须以大约 27000 千米/小时的速度快速运行，每绕地球飞行一圈只需要 90 分钟——这意味着空间站上的人每隔一个半小时就会看到一次全新的日出和日落！这样的一天十分短暂。不过，这种日长的差异会对宇航员造成什么影响呢？他们的身体能适应每 24 小时 16 个昼夜的生活吗？

这项挑战并不容易。几乎所有的动物，包括人类，都有生物钟。我们会根据"昼夜节律"的设定进食、睡觉、新陈代谢、再生细胞。"昼夜节律"是由地球自转的 24 小时周期决定的，这一过程主要依赖于视觉线索，其中最重要的便是太阳的东升西落。我们的昼夜节律机制深藏于控制激素释放的大脑区域——下丘脑。这一机制经过了数百万年的进化，通过眼睛接受视觉信息并分泌令人愉悦的激素——褪黑素。如果生物钟受到阻碍，下丘脑就会释放应激激素——皮质醇。随后血压升高、心率飙升。那么，如果"昼夜节律"的过程如此根深蒂固，国际空间站的宇航员怎么可能应付得了这般疯狂的生物钟呢？

应对的方法之一是直接逃避。与其让宇航员试图适应国际空间站高强度的生物钟，不如通过遮光屏和人工照明营造虚假环境，让他们误以为自己仍在按照 24 小时的"昼夜节律"生活。但是，想要做到这一点十分困难，也几乎不可能行之有效，毕竟每 90 分钟就会出现一次黎明和黄昏。另一个问题是，人们公认待在国际空间站的乐趣之一，就是观赏地球令人叹为观止的美景。如果有国际空间站需要宇航员的话，我也想自告奋勇上去看看。国际空间站上的宇航员很喜欢观赏地球母亲；正如蒂姆·皮克所说："我们总在讨论自己看到的地球景色，以及它的美丽多么令人动容。"然而，也正是家乡这幅美丽的景色让他们不得不经历频繁的日出日落。

解决方法并不是阻止宇航员们向外看，而是时刻密切监测他们的重要生命体征，寻找压力信号。根据目前追踪到的数据，大部分情况下宇航员都可以应对这种怪异的现实，而这恰恰是因为面前的一切实在是过于离奇。只有 90 分钟的一天是如此怪诞，与正常的生命节律截然不同，以至于大脑直接放弃理解这种节奏，基本保持原来的 24 小时周期。

讽刺的是，如果每天的时长只有两三个小时的差别，反而会更难适应。比如，假设一天有 21 小时，那么我们的大脑就会试图适应这种生物钟，但这种尝试并不能成功。许多专家认为，人类最多只能适应每天在 24 小时的基础上增加或减少一小时。

更小的月亮，更长的夜晚

难以调整"昼夜节律"这一现象带来了一个有趣的问题。如果我们的生理节律被如此精确地调整到了每天 24 小时，短短几小时的差别都会让我们心烦意乱，那么未来随着月球离地球越来越远，白天变得越来越长，会发生什么呢？

不必等待，我们来想象这样一个世界——一切都保持不变，唯独月球远了一些。以纽约市的夜空为例：倏忽间满月变得越来越小，天空变得越来越暗。在全世界所有地方，人们仰望天空，看到了那个熟悉的满月，但它却显著变小了。即使只是距离增加 10%（即 3.8 万千米）这个小小的转变，也会造成翻天覆地的变化（这种程度的变化大约 10 亿年才会出现一次）。

世界范围内的潮汐会弱化，大江大河中的洪流将变成涓涓细流。在泰晤士河、尼罗河和哈德逊河，潮汐的变化将很难察觉。

地球的自转将变得十分缓慢，昼夜会比现在长 12 倍。昼夜周期将达到平均每日 288 小时。这意味着夜晚会长达 144 小时。

如果我们突然被迫接受这样的改变，不同的生物将如何自我调整以应对这些超长昼夜？我们的"昼夜节律"又会发生什么变化？我们会走上一条不同的进化道路吗？

重设生物钟

这种假设听起来依然缺乏真实性，但其实有人正生活在这样严峻的环境中。想见到他们，我们需要去到北极圈。在挪威北部，在这片被称为"午夜太阳国"的土地，人类和动物不得不面对超长昼夜。这里的太阳几乎连续三个月不会落下。那么，首先，动物们如何适应这种环境呢？

在这种高纬度地区，任何想要存活的物种都必须适应超长昼夜。一些动物，比如松鼠和熊，会选择冬眠；冬眠期间，它们能降低体温、重设生物钟，以及通过一次性睡眠数周储存能量。在未来可能出现的超长昼夜世界中，这不失为一种有用的策略。

不过，对于驯鹿而言，北极的超长昼夜似乎完全不会构成干扰。这是因为通过进化，驯鹿已经能够摆脱其生物钟基因，绕过"昼夜节律"。驯鹿的睡眠并不取决了光的亮度，它们只会在感到困倦的时候小睡一会儿。这叫作"多相性"睡眠。

研究人员对佩戴监测器的公驯鹿展开实验。通过监测器，科学家们可以关注公驯鹿的活动情况，并时刻记录他们的饮食睡眠平衡。分析时，研究人员发现公驯鹿的进食周期大概是三至四小时——它们进食，反刍（消化），然后再次进食。而在反刍时，它们会入睡。或者说至少在这一阶段，它们展现出了慢波睡眠的所有显著特征，但它们依然保持警觉，警惕周边的声音（包括任何潜在的捕食者）。

其他动物是否可以掌握这种本领，从而摆脱"昼夜节律"呢？举例来说，牛、绵羊和山羊都是反刍动物，它们的生物学特性与驯鹿相似。这些动物或许会走上和驯鹿一样的进化道路。

那么人类呢？作为灵长类动物，在面对超长昼夜时，我们是否能进化出和驯鹿一样的睡眠方式呢？想要回答这个问题，最完美的研究对象其实就在驯鹿身边，那就是当地萨米族的驯鹿牧民。几千年来，他们和驯鹿一起生活在高纬度地区，是最理想的研究对象。研究者可以探究他们是否掌握了多相性睡眠的秘诀。但不幸的是，这一切迟了 50 年！

人工照明的到来改变了一切。萨米族的人们现在已经可以无视外界线索，基本按照一天 24 小时的"昼夜节律"生活，不受外界因素影响。作为研究对象，他们已经遭到破坏。

幸好，我们还可以在另外一小群人中寻找人类成功实现多相性睡眠的证据——这群人就是环游世界的独行水手。这些水手必须在一天 24 小时之内尽可能保持警觉，因此他们像驯鹿一样，不受视觉线索干扰，同时在白天和夜晚睡觉，每次睡一至两小时。这初步显示，在必要情况下，人类的确有潜力重设我们的生物钟。

与一个变小、变远的月球共存，并且经历更漫长的昼夜，这也许没那么恐怖，但接下来我将告诉你，月球变得更远，还会对地球造成另一种剧烈的影响。

处于正确角度的世界

假设现在地月之间的距离增加了10%。潮汐会弱化，昼夜会明显变长……但为什么地月距离的变化还会导致拉斯维加斯这类常年炎热、晴空万里的城市变成严寒的黑暗荒原？这座城市的温度会下降到零下20摄氏度，楼宇被冰雪覆盖。究竟发生了什么？

想回答这个问题，我们只需要一个球和一只平稳的手。你或许曾在互联网上看到过那些"魔球巫师"的炫技。他们会拿一个球，使其旋转，然后看似违反重力地让球在他们的指尖平衡旋转。

能实现这种效果是因为旋转的球体比不旋转的球体更加稳定。若改用静止的球体变这个魔术，游戏则会即刻结束——球会摇摇晃晃，而后掉落。

在月球的引力影响之下，地球是极其稳定的。地球

绕着一个并不垂直的轴自转，轴角度始终保持在 23 度
（变化区间 1 至 2 度）。如果没有月球——甚至只是地月
距离增加了 10%——这种稳定效应便会消失。由此一来，
地球将不可避免地发生翻转。翻转的角度可能是 0 度至
90 度不等。翻转 90 度意味着南北极将移动到现在赤道所
在的位置。

这听起来很疯狂，但有证据显示数百万年前这一切
就在火星上发生了。这场灾难的结果是：一个地表曾经
流动着液体水的星球变成了如今这副干旱枯竭的模样，
地表几乎没有了任何液体水的踪迹。

如果地球真的翻转了 90 度，全球气候将混乱不堪。
河流系统会干涸；今天的沙漠地区将暴雨如注；大块浮
冰将在热带地区随处可见。

热带往北的区域，比如拉斯维加斯，将经历彻骨寒
冷的黑暗严冬。每年的冬至日和夏至日（太阳直射头顶
时）将从一个变成两个，分别在春季和秋季；而在夏季，
气候会变得相对凉爽，太阳在天空中的高度也会更低。
到了 11 月，长达三个月的黑暗会再次到来。

这样的世界的确万分反常，但受到最大影响的还是

南北极。经历了每年长达三个月的持续暴晒后，南北极的冰盖将全部融化。这会为地球的海洋注入大量的淡水，全球海平面会上升60米。

在太空眺望地球时，景色也会大不相同。大陆的形状将被重绘，大面积的土地会被海水吞没，世界上的所有沿海城市都将消失！

如果（或者当有一天）月球的引力弱到无法让地球稳定地保持在如今的位置，上述情景极有可能成为我们的宿命。这是个坏消息。但好消息是，可能还要过几十亿年我们才会到达这个临界点，所以准备的时间很充足。

为什么要讲一个遥远未来的故事来吓唬人呢？其实这类构想方式叫做思想实验，它的目的并不是吓唬人，而是让我们意识到，月球能处于现在这个位置，对于我们而言是一件多么幸运的事。月球位置的任何细小改变都会对地球上的生物产生切实的影响，甚至有可能会重塑我们的星球。现在的一切都是那样脆弱，又那样恰如其分。

所以月球对我们有何贡献呢？月球带来了潮汐，为生命的存续提供了环境，创造了构成生命的基本要素、给予了我们每天 24 小时的"昼夜节律",稳固了地球的自转……除此之外,月球还赠予了我们无可比拟的景象。

我承认自己的确疯疯癫癫的,或许你也这么觉得。仅需要看月球一眼,我就会感到沉静安宁,心如止水。不论是每日升起的一轮新月,还是月全食等难得一遇、摄人心魄的其他月形,都散发着鼓舞人心的美丽。毫无疑问,我们可以称月球为"万物之母"。

观测月球

谈到月球那振奋人心的美，似乎是时候聊聊观测月球的最好方法了。没有哪个天体如月球这般主导着我们的夜空。甚至有些时候，白天也可以看到月球的身影。

大部分其他天体需要使用放大工具才能看到。太阳太过明亮，无法在没有工具辅助的情况下直视。星星以星座形式呈现时可供观赏，但单个星星只是遥远的极小光点。相比之下，月球无疑是肉眼观测的最佳对象。

鉴于月球的天然亮度，即使远没有达到最佳观测条件，我们仍可以看到它。尽管有这个好处，但还是和其他天文观测一样，掌握几个简单的步骤可以让你的户外观测收获满满、舒适安逸。我在伦敦长大，在观测月球时初次涉足了天文学领域，当时的条件也难尽人意。直到今天，观测月球对我来说仍是一件乐事。下面几条建议可以帮助你每天不吃任何胡萝卜（显然吃胡萝卜也根本没法帮助你矫正视力）就得到更好的视野。

理想观测条件

相比起夜空中的其他肉眼可见的天体，月球亮度较高，更容易看到。不过我们还有其他方法帮助你更清楚地看到月球表面的细节。光污染是影响视觉范围的主要因素。如果你生活在城市或大型城镇的内部或周边地区，在观测时远离街灯至关重要。这一点说起来容易做起来难，但如果你可以找到一片光线较暗的空地，比如运动场或公园，这对观测而言是个好兆头。此外，许多大城市都会散发光亮，因此即使不生活在城市里，周边大都市的光污染仍然会波及你的视野。可能的话，请尽量远离城市的光亮进行观测，因为城市的光亮会压过观测天体的光亮。

当我在伦敦中部读大学时，经常会去海德公园郊区欣赏苍穹。不过，请记得在光线较暗的区域一定要注意自己的人身安全，谨慎行事；最好可以约上几位伙伴共同前去观星。如果你要去的地方较为偏僻，一定要提前告知熟人。

如果找不到一片空旷的区域，请尽可能减少视野范围内的街灯数量，这对你的观测大有裨益。在老家萨里，我家的后院受到的光污染相对较少，因为光源主要来自房屋前门的街灯。在萨里的一些地方，为了节省开支，每天凌晨 12 点到凌晨 5 点都会关闭街灯。这种措施于我们有益，它既可以减少光污染，又可以帮助我们更轻松地找到观测点。小时候在伦敦，我经常会去公共公寓之间的狭小区域观测，那里的街灯相对较少。

暗适应

开始观测之前，你的眼睛需要调整到一个"暗适应"状态。在亮光下，我们的瞳孔会收缩，降低采光量，避免目眩。如果转移到黑暗的区域，瞳孔会扩张，但是反应过程需要一段时间。因此，想要得到尽可能完美的夜间观测结果，我们需要通过瞳孔完全收缩，让眼睛适应黑暗。除了瞳孔的反应，暗适应的过程还取决于视网膜上光感受器中的化学物质刷新率。

视网膜含有两种类型的感光细胞，分别是视杆细胞和视锥细胞。视杆细胞主要在昏暗的光线下工作，提供黑白视觉；而视锥细胞在光线充足的条件下工作，提供色彩视觉。视杆细胞和视锥细胞中均含有遇光分解或褪色的化学物质。我们的光敏感度取决于没有褪色的化学物质数量。

人类的眼睛有两种运作模式。在光亮下，视锥细胞进行主要工作，而视杆细胞中的光敏化学物质——视紫质——会褪色。在弱光下，视紫质开始再生，不过这一过程需要一段时间。视紫质再生阶段，人眼对黑暗的敏感程度将低于正常水平，因此在黑暗中能看到的细节也会更少。适应弱光的过程大概需要30分钟左右，这段时间内必须确保不接触强光，否则暗适应的过程将被迫重启。在观测过程中，手电筒有可能派上用场，但请谨慎使用，切忌用手电筒直射自己或他人。适应了黑暗的双眼很难应对手电筒的强光，即使只是短暂地闪过，双眼也需要很久才能恢复并重新看到黑暗中的细节。部分手电筒自带红色滤光片，有的甚至直接使用红色灯。这些工具不容易造成目眩，而且可以照明，非常有用。

舒适的观测

人们普遍认为应当站着观测月球。这样做当然没问题，但是一个舒适的座椅也会派上用场。我发现，在裸眼观测时，帆布折叠躺椅是个绝佳的选择。我会把椅子调到一个倾斜的角度，这样坐下的时候椅背可以支撑着我的头，抬头也可以找到仰望天空的完美角度。椅子质量很轻，当月球划过天空时，我们可以随时调整它的位置。我的一位朋友会用他孩子的蹦床来观测。只要蹦床四侧不是很高，你就可以得到观测夜空的绝佳视角，同时弹簧会在下面轻柔地支撑着你。我听说这非常舒适，可以让人连躺好几个小时。

裸眼观测月球

确定了观测月球的最佳条件之后，仅用裸眼，我们能看到月球表面的什么东西呢？其实这一点基本取决于"月相"——我们首先来看看"月相"是什么。

月 相

当我们看到月亮时，它一直是夜空中最亮的天体。然而，很重要的是，我们需要意识到太阳的重要作用，它对观测月球以及观测整个太阳系而言是必不可少的。太阳其实是唯一的光源，有了它我们才能观测到周边的其他天体。月亮和其他行星本身是不发光的，因此想要观测这些行星，我们只能观察它们表面反射的太阳光。

与地球一样，月球表面也有一半区域（光面）常年被太阳照射。但是，由于月球绕地球旋转，我们在一个月内的不同时间点观测到的月球表面区域也有所差异。

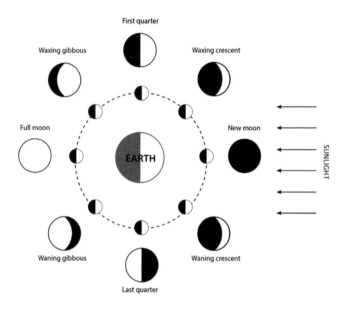

8 种月相

New moon	新月
Waxing crescent	眉月
First quarter	上弦月
Waxing gibbous	盈凸月
Full moon	满月
Waning gibbous	亏凸月
Last quarter	下弦月
Waning crescent	残月

月球的不同景象和相位被划分为 8 个类型。这可以方便我们理解随着每月时间的变化，月球的光面有哪些部分是可以在地球上看到的。

我们要了解的第一个月相是"新月"。奇怪的是新月发生时，地球上完全看不到月球的光面，因为此时月球正处在地球和太阳之间。所以我们是看不到新月的。在个别情况下，如果太阳、月球和地球恰巧排成一条直线，月球有可能完全遮挡住太阳，发生日全食。日全食只会发生在新月阶段。

月相的第二阶段叫作"眉月"。"眉月"的英文中包含"waxing"一词，在这里的意思是"渐圆、渐满"——这个形容词完美诠释了此时月球的活动。我们家的人把"眉月"比作《爱丽丝梦游仙境》里"妙妙猫"的微笑。在这一阶段，月球变亮、变大，逐渐进入下一阶段——上弦月。

"上弦月"这个名字看起来不太恰当，因为此时月球的平面圆中有一半都是可以看到的。但由于月球本身是一个球体，因此该阶段我们看到的反射太阳光的月表面积的确只占总面积的 1/4。"上弦月"一般出现在"新月"过后一周。

下一个月相叫作"**盈凸月**"。术语"**gibbous**"源自拉丁语词汇"gibbus"，意思是"驼背的"，现也用来形容隆起或凸起的事物。这个词巧妙的描述了该月相的形态——此时我们可以看到月球光面超过一半的区域。

在新月过后大约两周，随着月亮渐圆渐满，我们会看到"**满月**"。此时的月亮是最为摄人心魄的，我们在地球上可以完整地看到月球的光面。此时月球和太阳分别在地球的两侧，在天文学中，这种天体位置叫做"冲"。月全食只可能出现在"满月"阶段。

达到最圆最亮之后，月亮开始逐渐消减，专业术语称之为"月缺"。"waning"一词源自古英语中的"wonian"，意思是"变少"或"缩小"。这一月相叫做"**亏凸月**"。表面上，我们仍能看到超过一半的月球光面，但从此时开始，随着月相周期的循环，我们能看到的月球光面将越来越小。

下一个月相是"下弦月"。和"上弦月"一样，此时我们可以看到一半的月球光面。最后一个月相是"残月"。"残月"出现时月亮呈月牙型，然后随着月相周期的循环，逐渐亏缺、变小。

有时人们还会提到"旧月"。这是一种非常细的月牙形状，往往出现在月亮快消失前——随后，新月便会到来，一个全新的月相周期也将再次展开。

我们为什么会在白天看到月亮？

我最喜欢观察的月相是"眉月"，但是我们往往无法看到新月。而且英国的天空也总是笼罩着云彩。所以，我总是感觉好些天无法准确定位月亮。然后，在日落前后，我在逐渐昏暗下来的天空中能看到眉月，感觉心头大为舒畅。视觉敏锐的人在白天也能看到眉月。

下表列出了在北半球天空中，月球相对太阳的位置。比如说，我最喜欢的眉月在日落时出现，此后三小时，我们都能在黑暗的天空中看到它。因为眉月紧跟在太阳的后面，所以在白天也有可能看到眉月。日出后三个小时，眉月也会从地平线上升起，但是因为阳光很强，所以很难看到眉月。与之相对的月相，也就是残月，会比太阳早出现三小时，所以在黎明时逐渐明亮的天空中，可以看到残月。日出之后，也有可能看到残月，但观测要难得多。

月　相	相对太阳而言的可见时间
新　月	0 小时
眉　月	比太阳晚 3 小时
上弦月	比太阳晚 6 小时
盈凸月	比太阳晚 9 小时
满　月	比太阳早/晚 12 小时
亏凸月	比太阳早 9 小时
下弦月	比太阳早 6 小时
残　月	比太阳早 3 小时
新　月	0 小时

月　海

我们肉眼观察月球时，最容易看到的便是月海。这些暗色的月亮之"海"非常明显，和颜色更浅的高地或月陆形成鲜明对比。"月海"于 1651 年得名，命名者是意大利神父、天文学家乔瓦尼·巴蒂斯塔·里乔利，他的月球命名系统自此之后便被奉为圭臬。另一位天文学家约翰内斯·赫维留在同期提出了不同的命名体系，但里乔利的体系更加深入人心——可能是因为他在描述时引人遐思的浪漫用词。

比较著名的月海包括：

雨海：雨海面积较大，但并不算是海。雨海本身直径为 1596 千米（991 英里）。现在的研究表明，雨海由一颗小原行星撞击月球背面而形成。

澄海：这个月海直径为 674 千米（419 英里），位于质量密集区。苏联的"月球 21 号"探测器和美国的"阿波罗 17 号"着陆地点都在澄海附近。

危海：危海这个名称奇怪的月海直径有 555 千米（345 英里），位于一个已被发现的质量密集区。1969 年，苏联的"月球 15 号"空间探测器在澄海附近坠毁，1976 年，苏联的"月球 24 号"探测器带回了该地点的月壤样本。

丰富海：这个月海直径为 840 千米（522 英里），但迄今为止没有发现任何质量密集区。1976 年，苏联的"月球 16 号"探测器从这里带回了第一份月球样本。

酒海：酒海直径仅为 340 千米（211 英里），面积比较小，但颜色较深，所以用肉眼也能轻松辨认。

云海：这个名字也引人遐思。云海的直径是 715 千米（444 英里）。1993 年 9 月，西班牙的科学家们观察并记录了一次对该陨石坑的冲击。

风暴洋：风暴洋比月海的平均面积更大，直径为 2592 千米（1161 英里）。因为面积如此之大，所以我们可以用肉眼看到风暴洋。"阿波罗 12 号"载人飞船以及苏联和美国的许多无人航天器都曾经在此着陆。

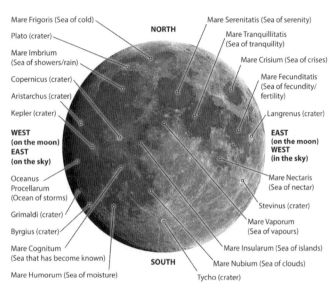

Mare Frigoris (Sea of cold)

Plato (crater)

Mare Imbrium
(Sea of showers/rain)

Copernicus (crater)

Aristarchus (crater)

Kepler (crater)

**WEST
(on the moon)
EAST
(on the sky)**

Oceanus
Procellarum
(Ocean of storms)

Grimaldi (crater)

Byrgius (crater)

Mare Cognitum
(Sea that has become known)

Mare Humorum (Sea of moisture)

NORTH

Mare Serenitatis (Sea of serenity)

Mare Tranquillitatis
(Sea of tranquility)

Mare Crisium (Sea of crises)

Mare Fecunditatis
(Sea of fecundity/
fertility)

Langrenus (crater)

**EAST
(on the moon)
WEST
(in the sky)**

Mare Nectaris
(Sea of nectar)

Stevinus (crater)

Mare Vaporum
(Sea of vapours)

Mare Insularum (Sea of islands)

Mare Nubium (Sea of clouds)

SOUTH

Tycho (crater)

月坑和月海地图

Mare Frigoris (Sea of cold)	冷海
Mare Serenitatis (Sea of serenity)	澄海
Plato (crater)	柏拉图（环形山）
Mare Tranquillitatis (Sea of tranquility)	静海
Mare lmbrium (Sea of showers/rain)	雨海
Mare Crisium (Sea of crises)	危海
Copernicus (crater)	哥白尼（环形山）
Mare Fecunditatis (Sea of fecundity/fertility)	丰富海
Aristarchus (crater)	阿里斯塔克斯（环形山）
Kepler (crater)	开普勒（环形山）
Langrenus (crater)	朗伦（环形山）
Oceanus Procellarum (Ocean of storms)	风暴洋
Mare Nectaris (Sea of nectar)	酒海
Stevinus (crater)	斯蒂维纽（环形山）
Grimaldi (crater)	格里马尔迪（环形山）
Mare Vaporum (Sea of vapours)	汽海
Byrgius (crater)	比尔吉（环形山）
Mare Cognitum (Sea that has become known)	知海
Mare Insularum (Sea of islands)	岛海
Mare Nubium (Sea of clouds)	云海
Mare Humorum (Sea of moisture)	湿海
Tycho (crater)	第谷（环形山）

环形山之思

如果你幸运地拥有优质的观测条件，你也许会看到月球上一些更为显眼的环形山。大部分肉眼可观察到的环形山都有两个共同之处。

首先，他们会发出明亮的光线。这是一种喷出物，在形成之时喷发而出。这些放射状的直线让这些环形山显得更加高大、更为明亮，因此比普通的陨石坑更容易观测到。

其次，这些环形山坐落在月海之中。陨石坑通常颜色比较明亮，因为他们的历史相对较短，还没像其他地区一样经历过太阳风的侵蚀。坐落在黑暗月海之上的明亮陨石坑更容易被肉眼观察到，因为两者颜色对比十分鲜明。

比较容易观察到的环形山包括：

阿里斯塔克斯环形山：这座环形山非常显眼，坐落在风暴洋上。这是月球表面极为明亮的区域，比美国西部的大峡谷还要广阔，直径为 40 千米（25 英里），深度为 3.7 千米（2.2 英里）。里乔利以古希腊天文学家阿里斯塔克斯为之命名。

哥白尼环形山：这个环形山直径约为 100 千米（62 英里），射纹系统非常广阔。在接近"明暗线"（月球上被照明半球和未被照明半球的分界线）的位置时，观察这座环形山最为清楚，那时周围的辐射纹发出光芒，与环形山底的阴影区域形成鲜明的色彩对比。

开普勒环形山：这座明亮的环形山与哥白尼环形山离得较近，也有射纹系。虽然大部分环形山在接近明暗界限的位置时观察得比较清楚，但开普勒环形山是满月时最容易观察。这座环形山的直径大约为 32 千米（20 英里）。

第谷环形山：这座环形山在月球近地点的南极区域附近，呈漂亮的圆形，周围溅射出明亮的喷出物。第谷环形山看起来与众不同。人们认为它形成的时间较晚，因为它的边缘和喷射区都还未受到陨石撞击。该环形山的直径为 85 千米（52 英里）。

阿里斯塔克斯环形山、哥白尼环形山、开普勒环形山都可以在下弦月晚期被清楚地观测到，但最佳观测时间是满月开始后两三天或满月结束前两三天。

地球反照：月球鬼影

除了观看月球表面的特征，我们用肉眼观察月亮时，还有一件趣事值得注意，那就是"地球反照"现象。这看起来像是月球暗处发出的淡淡光芒，仿佛满月的鬼影。

地球反照最为明显的时候，是新月出现的前几日到后几日之间，那时，新月在日出或日落时，接近地平线。在过去，人们观此奇景，不明所以，称其为"灰光"，又说"新月揽旧月"。

最终解释这个天文奇观的是博学大师列奥纳多·达·芬奇。他对天文学兴趣浓厚，成就颇丰。他发现，太阳发出的光，到达月球后，会被反射到地球上观察者的眼中，与此同时，有些光线也会到达地球，反射回月球（有些光线会到达月球的背面），随即再次被反射到地球上观察者的眼中。到达月球背面的地球光线，就是地球反照的成因。

日全食：宇宙巧合

当月球处于地球与太阳之间，遮挡了阳光，导致阳光无法照射到地球上的某些地方，这时就会出现日全食。这虽然听来平平无奇，但实则壮美瑰丽，震撼人心。

美丽的日全食之所以会发生，纯粹是由于宇宙巧合。太阳直径是月球直径的 400 倍，但月球与太阳的距离是与地球距离的 400 倍，所以从我们的视角来看，太阳和月球在天空中仿佛大小相同。也就是说，月球刚好能完全挡住太阳，呈现出日全食的壮观之景。

地球或月球上完全被遮盖的阴影区域叫做"本影"（umbra）。这个词来自拉丁文，意为阴影或影子。地球或月球上部分被遮盖的区域叫做"半影"（penumbra）。在"伪本影"区域，你能看到被遮盖的行星或卫星周围完整的一圈光线，这就是环食现象。以上所讨论的就是日食的所有类型，各种类型都既罕见又绚丽。

我在 1999 年自己观测到了日全食。当时我在外旅行，到了法国勒阿弗尔，那里能够看到日全食。那是我一生当中极为难忘的事件。我当时非常幸运，因为那天本来是多云，但日食开始前十分钟左右，天空转晴了，我能够透过日食眼镜清楚地观测到。日食开始时，光线逐渐变暗，像黄昏的暮色；因为周围光线越来越暗，鸟儿

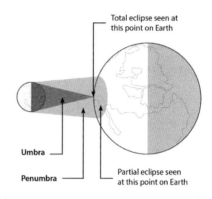

Sun

Total eclipse seen at
this point on Earth

Umbra

Penumbra

Partial eclipse seen
at this point on Earth

日全食与日偏食

Umbra	本影
Penumbra	半影
Total eclipse seen at this point on Earth	在地球该点观测为日全食
Partial eclipse seen at this point on Earth	在地球该点观测为日偏食

开始准备歇息，最后月球恰巧处于地球和太阳之间，这一刻，日全食发生了。此时此刻，你能够看到黑暗的月球和太阳重叠区域的边缘发出一圈光彩夺目的光晕——又叫"日冕"——非常清晰可见。你还能够看到日珥（太阳圆周上的突起）从太阳表面喷涌而出。日食只持续了几分钟，月球继续移动，当最后几束阳光透过月球闪耀光芒时，我看到了明亮的钻石环效应，随后天空恢复了平日的亮度。这场经历让人心生敬畏。我还记得，我的心魂为之震慑，直到日全食结束后，我坐着缓了几分钟才恢复过来。

因为我格外喜欢平生所见的这第一场日全食，我后来专程去了美国，观赏 2017 年的"美国大日食"。那是八月份，时值学校放假，我们全家一起出行。我依然记得我女儿脸上闪耀着敬畏之情，只有日冕的光落在她的面庞。真是美妙。

更务实地说，我们要意识到，任何观测太阳的行为，无论是有辅助还是没有辅助，始终要注意合理保护眼睛。直视太阳会造成严重的眼部损伤。

要知道月球正在离我们越来越远，所以我们的后代可能无法再领略日全食之美。到时候，我们只能观赏到

Partial　　　　　Annular

从地球上观测到的日食类型

Partial	偏食
Annular	环食

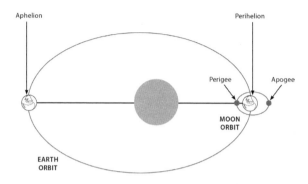

　　上图展示了地球的椭圆形轨道，其中包括了地球距离太阳最远和最近的点（远日点和近日点）。与之类似，月球绕地球的轨道也是椭圆形的。月球距离我们最远的点是远地点，距离我们最近的点是近地点。

Aphelion	远日点
EARTH ORBIT	地球轨道
Perihelion	近日点
Perigee	近地点
Apogee	远地点
MOON ORBIT	月球轨道

日环食。我们现在也能观察到日环食（以及日全食），这是我们总共能观察到的四种日食中的一种。

从上图中，我们可以看到非常标准的椭圆形轨道。日全食发生时，月球完全遮蔽了太阳；而当日环食发生时，月球处于轨道的远地点——也就是说，看起来像是微型月亮，距离地球最远。这意味着月球看起来比平时更小，没有完全遮住太阳的直径。可见的太阳外缘形成了一个"火环"，或者说是黑色月球周围的一圈环带。

日偏食

日偏食发生在月球位于地球和太阳之间，但三者并不在一条直线上的时候。在这种情况下，月球只能遮盖住太阳圆盘的一部分，但大部分太阳依然能被看到。在下面的图表中，日全食的区域（也就是你能够观察到日全食的地方）并不在地球的表面。

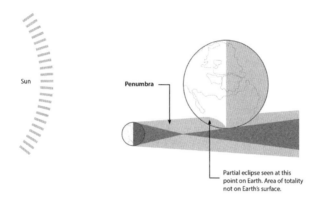

Sun	太阳
Penumbra	半影
Partial eclipse seen at this point on Earth. Area of totality not on Earth's surface.	地球上该点观测到的日偏食。现在地球表面观测不到日全食。

日环食

很多人都听过超级月亮，也就是月亮在天空中看起来比平时更大；与超级月亮相对的情况是微型月亮，也就是月亮在天空中看起来比平时更小。在视野中月亮大小发生变化的原因在于，月球的轨道是椭圆形的。所有沿轨道运行的天体的轨道都是椭圆形而非圆形的，但是椭圆形轨道意味着天体和其围绕的天体之间距离会发生变化。

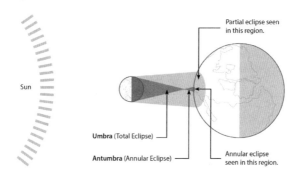

Umbra（Total Eclipse）	本影（日全食）
Antumbra（Annular Eclipse）	伪本影（日环食）
Partial eclipse seen in this region.	在该区域可观测到日偏食。
Annular eclipse seen in this region.	在该区域可观测到日环食。

混合食

　　这种类型的日食非常罕见。随着月球在轨道上移动，日食从日环食变成日全食，这时便发生了混合食。

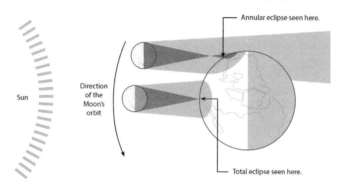

Direction of the Moon's orbit	月球绕轨运行方向
Annular eclipse seen here.	此处可观测到日环食。
Total eclipse seen here.	此处可观测到日全食。

月食：奇怪又诡谲

和日食一样，月食也会发生。那时，地球整体或部分位于太阳和月球之间，让月球陷入黑暗之中。因为地球比月球大得多，月全食持续的时间也比日全食更长——后者仅能持续几分钟，而前者则能持续数小时。

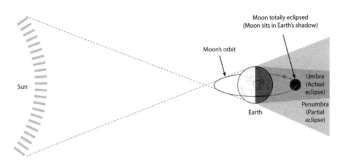

月全食发生的时候，月球处于地球的阴影之中。

Moon's orbit	月球轨道
Moon totally eclipsed (Moon sits in Earth's shadow)	完全处于阴影中的月球 （月球在地球的阴影中）
Umbra (Actual eclipse)	本影（月全食）
Penumbra (Partial eclipse)	半影（月偏食）

月全食看起来非常美丽，但可能有一点诡异。月球位于地球的阴影之中，因为照明有限，所以不会完全消失。相反，月球会变成深红色——经常被人描述成血红色。如果你预先不知道这一点，月全食可能会让你大为震惊。我能想像之前的人们看到月全食的样子——我会描述成"大惊失色"。我第一次观看月全食的时候，也是轮到我吓了一跳。我的感觉满是奇怪的不祥之兆——即便我能够用科学术语描述所发生的一切。

这种现象发生的原因是一种叫做散射的大气现象。月球位于地球的阴影中，你本来会以为，因为地球以其巨大的体积挡住了阳光，所以几乎没有阳光可以到达月球。但是我们知道，地球周围有一圈大气层，大气层可以像透镜一样，将照射向阴影中的月球的太阳光折弯。在大气层的作用下，部分阳光会到达地球，然后这些光线会经历阴影中月球表面的再次折射，最终照射到地球上我们这些看客的眼中。

这能够解释为什么月全食期间我们能看到月球，但不能解释为什么月球是血红色的。为了理解这一点，我们需要看一下地球的大气层。在我们眼中，阳光是暖暖的橘黄色——其实，太阳光是一系列不同颜色组成的，叫做光谱。

据说艾萨克·牛顿爵士在十七世纪首次观察到并解释了太阳光谱——他让一束太阳光透过棱镜，发现棱镜的另一端出现了彩虹的各种颜色。

的确，我们看到横贯整片天空的彩虹，就是我们看到太阳光谱的不同颜色构成的方式之一。牛顿的棱镜构成了光线需要穿透的障碍，因为不同的颜色（或波长）的光透过棱镜的速度不同，透过棱镜之后的光有多种颜色。在彩虹的这个例子当中，构成障碍的不是棱镜，而是雨滴。太阳光穿过雨滴，不同颜色的光再次受到不同程度的阻碍，然后会按照不同的颜色从雨滴中透过。

但是，月全食发生时，月球变成红色，而不是彩虹色。这是因为大气颗粒的作用。光线不是穿过这些颗粒，而是被颗粒散射开来。但与棱镜相似的是，不同颜色的光受到散射的程度不同。

在我们的大气层中，这种现象有两种类型，分别叫做瑞利散射和米氏散射。散射发生的形式与颗粒的大小有关，也与被散射光线的波长/颜色相关。构成我们大气层的分子（主要是氮气和氧气）通过米氏散射来散射光线，但是他们散射的大半是波长更短的蓝光，小半是波长更长的红光。

太阳光从太阳出发，经过地球的大气层，到达月球，中间需要经过漫长的距离。这就意味着，大部分的蓝色光都被散射出去了。也就是说，经过这条路径到达月球的光线主要是红色的。

因此，月全食发生时，月球看起来是深红色。这些散射现象也解释了为什么日落是红色的，天空是蓝色的。

那么"蓝月亮"呢？蓝月亮真的是蓝色吗？我们在歌中听到过蓝月亮，鲜少发生的事件会被称作"如蓝月亮般稀奇"。但我在观月的时候，看到过月亮的各种形态——血红色、黄色、橙色——却没有见过蓝色的月亮。

让人吃惊的是，蓝色月亮与颜色转变或散射现象无关，却与日历中"多余的"月亮有关。在有些年份会出现13次全月而非12次全月。据说在这里的"蓝色"（blue）一词是古英语词汇"belewe"的变体。"belewe"意为"背叛"，表现出多出一个月亮的奇怪之处。自1946年以来（当时，《天空和望远镜》杂志中的一篇文章下了定义），"蓝色月亮"这一术语一直被沿用，用来描述一个月份出现两次满月的情况。这种情况通常发生在一月份，满月在月初出现，所以在 1 月 31 日之前或当天，会出现另外一次满月。但是，如果一月份出现两次满月，二月份就不会再出现满月。如果这样，那么三月份又会出现两次满月。所以蓝色月亮虽然罕见，但也并非异常罕见。这有点像等公交车——如果你已花了很长时间等一辆公交车，那么可能会有两辆车同时出现。

为什么没有更多日食月食出现？

既然我们谈到了日食和月食的话题，我们经常会遇到的一个问题是：为什么日食和月食不会每个月都出现呢？

如果我们在太阳和地球之间画一条长线，在地球和月球之间再画一条长线，我们会看到两条线并不平行。事实上，两者之间的倾角大概有 5°。

因为地球、月球、太阳三者不在同一直线上，所以大部分时间，月球的阴影或者地球的阴影会过高或过低，我们无法看到。但是偶尔三者会共线，阴影沿着一定角度投射，恰巧能够到达另一个天体，这时我们才能看到日食或月食。

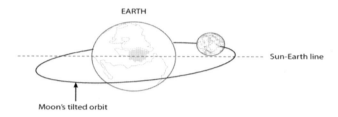

Moon's tilted orbit	月球倾斜的轨道
Sun–Earth line	地日线

超级月亮

超级月亮在近年来得到了广泛报道。这种现象可能会在满月或新月时发生。如果此时我们能看到月亮，它看起来要比平时更大，因为距离更近。

正如我们上文所说，超级月亮之所以发生，是因为月球绕地球的轨道并不是我们通常所认为的圆形，而是椭圆形（更像是压扁了的圆形）。

近地点是月球公转轨道上距离地球最近的点。当它抵达这一点时，月球与地球之间的距离要比其在远地点时近5万千米。如果满月出现在月球接近近地点时，它就会被称作"超级月亮"。因为离地球更近，月亮看起来更大——比在远地点出现的满月大14%，亮度超过30%。

有意思的是，"超级月亮"并不是一个科学术语，占星学家理查德·诺尔在1979年创造了这个词语。他将其界定为"一种新月或满月发生在月球位于公转轨道近地点或近地点附近（在百分之九十以内）的现象"。

2014年，关于"超级月亮"这个词的应用，美国著名天体物理学家奈尔·德葛拉司·泰森发了这样一条推特信息：

@ neiltyson：

七月的满月之于八月的超级月亮就像 16.0 英寸的披萨之于 16.1 英寸的披萨。

我只是说说而已。

在这里，他比较了超级月亮和普通月亮的区别。然而，他接着说：

@ neiltyson：

热情，兴趣，人们走出去观看月亮，这很好。我愿意为这种"炒作"付出成本。它很漂亮。

不管它的起源是什么，超级月亮这个词看起来会伴随我们留存下来。考虑到它的专业术语是"近地点满月"（perigee-syzygy），我认为若非是在玩拼字游戏，"超级月亮"是最好的选择。

大月亮，低空照

从纯粹美学的角度来看，我最喜欢的观察月亮的时间之一，就是当它悬在地平线的低处，几乎完全处于月盈或月亏的时候。这种情况下，它看起来很大，远比它在空中时以更高的角度观看更大。如果你注意到这一点，也不要惊慌。这和超级月亮不一样；月亮的大小没有变化，也没有发生任何明显的位移。这种效果被认为是一种视觉错觉。

马里奥·蓬佐在 1911 年证明，大脑通过物体的背景来判断它的大小。要观察这一机制的最简单的形式，只需在一张纸上画两条倾斜但近乎垂直的线，就像沿着页面向上延伸的铁轨一样。在这两条线之间画另外两条水平的、长度相等的短线，一条在另一条的上面。最好使用尺子画，以便避免作弊。上面的线通常看起来总是比下面的线长，即使我们知道它们的长度是一样的。当月亮在低空被观察时，似乎也会发生类似的效果。我们会把它和我们熟悉的物体——树木、建筑物、山脉等——进行比较，在这种情况下，月亮看起来很大。然而，当它在高空运转时，参照点较少，所以它的大小看起来也变小了。如果你觉得这个观点难以接受，那么可以做一个简单的实验。对着低空的月亮举起一枚硬币，比较它和硬币的大小；然后，追踪月亮在夜空的运动轨迹，就会发现月亮相对于硬币的大小保持不变。

双筒望远镜下的月球特征

上述所有的月球奇观都可以用肉眼看到，每一种都有其独特的魔力。但在某些时候，你可能想要更详细地观察月球。大多数情况下，当人们迷上了天文学，想要进一步细致观测时，他们就会禁不住诱惑，去买一些很不错的设备——通常是天文望远镜。但是，对于月球观测来说，在你初识天文学时，只要配备一副好的双筒望远镜，就是一个相当不错的起点。

主要优点是它们使用起来特别简单。用天文望远镜观察月亮需要一定的练习：它在天空中的速度比其他任何更远的物体都要快，所以望远镜若无良好的跟踪系统，你将被限制在使用放大倍率较低的一端。在其他的设定下，则需要不断调整望远镜，因为你所关注的细节会从视野中消失。双筒望远镜还有一个额外的好处，那就是安装起来非常快。如果观测条件正在发生变化，那么最好的做法就是用双筒望远镜进行快速观察，而不是花时间安装天文望远镜（然后却发现观测条件已经变坏）。一套好的双筒望远镜通常也比天文望远镜便宜得多。我会把它们推荐给那些在肉眼观察后想更进一步观察月球的人。

对于观星者来说，双筒望远镜比普通的花园望远镜或观鸟望远镜有更大的光圈（集光口）。不过，由于月亮是夜空中最亮的物体，即便你是用标准的双筒望远镜观察，仍然会得到比肉眼观察更好的效果。

那么在一个天气很好的夜晚，又配备了双筒望远镜……应该先观察什么呢？

实际上，就像肉眼观月一样，月相对于可以观察到的内容起着重要的作用。你可能会认为满月有着最大的亮度，是观测月亮的最佳时机——毕竟，月球表面的一半都是亮的，适于观看。尽管听起来有违直觉，但是事实并非如此。虽然对于用肉眼观察月球不那么重要，但是用双筒望远镜观察月球，通常最好是选择不是满月的时候进行。

满月期间，太阳的光线直射月球表面（以垂直的角度）。在这种条件下观察，月球许多雄伟的细节都在刺眼的强光中消失了。在月相的其他阶段，当观察光线以一个相对倾斜的角度照射到月球上时，我们可以看到更多的细节，因为月球的特征在阴影和突出的区域衬托下会更加明显。

很多人认为上弦月是观察月球的最佳时间。要关注的区域是"明暗线"——这是一条沿着月球表面延伸的阴影线，标记了月球亮面和背面之间的分界。这条线让月球的特征在明亮和阴暗之间形成了程度最大的对比。下图显示了在晴朗的夜晚用双筒望远镜观察到的月球表面的细节程度。

用双筒望远镜可观察到其他景象

在上面的章节中，我列出了仅用肉眼就能观察到的一些月球地貌。在这里，我想增列一些借助一套双筒望远镜能够看到的其他特征，以及它能够呈现给我们的更加清晰的、肉眼可观察到的特征。

阿基米德环形山：这个陨石坑直径约 82 千米（51英里）。位于雨海的东部边缘。

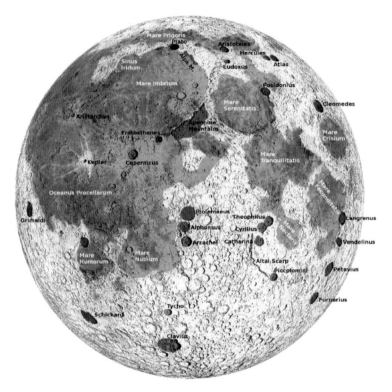

双筒望远镜观察到的月球表面

亚里士多德环形山：这是另一个直径 87 千米（54 英里）的陨石坑。位于寒海的北部地区。

克拉维乌斯环形山：这个直径 225 千米（140 英里）的陨石坑是月球上最大、最古老的陨石坑之一，据说大约有 40 亿年的历史。它可以通过前面提到过的第谷环形山来定位，因为克拉维乌斯环形山就位于第谷环形山的正北。

格里马尔迪环形山：位于月球的最西边，一个直径为 174 千米（108 英里）的大陨石坑，与再往北一些的格外明亮的阿里斯塔克斯环形山形成了鲜明的对比。格里马尔迪环形山是月球上最暗的陨石坑之一，在月圆时很容易被发现。

朗格勒努斯环形山：直径约 130 千米（81 英里），在眉月时是最显眼的陨石坑之一。

隆哥蒙塔努斯环形山：与克拉维乌斯环形山类似，这个直径 145 千米（90 英里）的环形山很容易被发现，因为它与第谷环形山毗邻。

柏拉图环形山：这是一个直径约 100 千米（62 英里）的陨石坑，由于极北的位置和独特的暗色调，这是一个比较容易识别的陨石坑。

业余天文望远镜可以观察到的月球特征

在观察月球时，一幅好的月面地图是一个重要的导航工具，可以让你了解所看到的东西。下面的示意图显示了使用一个较好的业余天文望远镜可以观察到的细节程度。

放　大

通过业余天文望远镜，你可以轻易获得比双筒望远镜更大的放大范围。根据你想看到的细节来选择放大率——例如，选择放大 50 倍，你将会看到整个月球，这可以让你确定自己的方位感。相比之下，放大到 150 倍，能让你看清月球的许多特征。就如同我们可以从一个星座跳到另一个星座一样，在环形山之间跳跃也很有趣。看到大小不同、形状各异的环形山，会让人啧啧称奇。沿着"明暗线"可以观察到它们的最佳形态。

业余天文望远镜可以观察到的月球特征

只有当月亮在地平线上位置很低的时候，才需要避免更高的放大倍数。当它处于这个位置时，与向上观察（在天顶）相比，你是通过一层较厚的大气层观察月球。大气厚度的增加意味着更多的扰动，再加上较高的放大倍率，会使图像在取景器上晃动不止。

摄　影

大多数天体摄影的缺陷之一是缺乏可捕捉的光亮。就月球摄影来说，则很少出现这种情况。换言之，拍摄月球要容易得多。

在望远镜上安装相机可以用复杂的系统，但对于一些简单的抓拍，只需将智能手机放在你的眼睛在目镜上的位置——使用这种简单的方法，便可以拍摄到一些相当不错的月球表面的图像。

山　脉

截至目前，我们只是观察了月球上可以看到的月海和环形山。通过望远镜，还可以发现其他细节——例如，在月球表面可以看到许多山脉。下面是一些最适合用小型望远镜观察的月球山脉：

金牛山脉（Montes Taurus）。它的最东边是"阿波罗计划"最后一架载人月球探测器"阿波罗 17 号"的着陆地点。

侏罗山脉（Montes Jura）。在"彩虹湾"陨石坑的边缘，有一系列由撞击产生的山脉。这就是侏罗山脉，在月球上，这也是最具视觉吸引力的山脉之一。

亚平宁山脉（Montes Apenninus）。以意大利山脉命名，是月球表面最大和最突出的山脉之一。它们宽约 600 千米（370 英里），高近 5 千米（3.1 英里）。人们认为它们是大约 39 亿年前在雨海形成时产生的。

月球表面令人印象最深刻的两座山峰坐落在雨海的底面上。它们分别是海拔 2250 米（7380 英尺）的**皮通山**（Mons Piton）和海拔 2400 米（7870 英尺）的**皮科山**（Mons Pico）。

该地区的另一座山脉是**高加索山脉**（Montes Caucasus）。它实际上是亚平宁山脉向东北方向的延伸。

"阿波罗号"登陆点

望远镜可提供的另一种重要体验是观看"阿波罗号"登陆点。虽然不使用顶级太空望远镜的话，很难分辨上面的细节，但业余天文望远镜便可以帮助我们定位这些登陆点附近的月球地貌：

阿波罗 11 号：1969 年 7 月 20 日，着陆地点静海。

阿波罗 12 号：1969 年 11 月 19 日，着陆地点风暴洋。

阿波罗 14 号：1971 年 2 月 5 日，着陆地点弗拉莫罗环形山。

阿波罗 15 号：1971 年 7 月 30 日，着陆地点雨海。

阿波罗 16 号：1972 年 4 月 21 日，着陆地点笛卡尔环形山。

阿波罗 17 号：1972 年 12 月 11 日，着陆地点金牛座山脉。

在观察这些登陆点之后，我们便可以进入下一环节。到目前为止，我们已经探讨了使用肉眼、双筒望远镜以及天文望远镜来研究月球。但是人类下一步要怎么做才可以更接近月球呢？正如我们所知，这一步实际上是一个巨大的飞跃……

探月：登月和太空竞赛

在"过去的月亮"一章中，我们看到了通过在地球上观测来了解月球的情况。但是，在二十世纪，我们能够通过真正到达月球来更进一步了解它。

所有这些活动的高潮发生在 1969 年 7 月 20 日。这是人类历史上一个史诗般的时刻。整个世界都静止下来，目睹第一批人脱离地球引力的限制，降落在月球这颗我们从遥远的地方观察了如此之久的天体上。人类实现这一惊人飞跃的图像被传送到全球各地。

今天，距离那个改变世界的时刻已经过去了 50 年，分析一下是什么最终带来了那个时刻，以及此后我们与月球这个我们最近的邻居、宇宙的伴侣之间关系有何变化，我们又学到了什么、取得了什么进步，会是件有趣的事。那么，我们如何到了月球，那个时刻又对我们施加了什么样的影响呢？

为了了解登月的背景，我们需要了解它所发生的时代以及它之前的事件。

太空时代诞生于一个非常黑暗的历史时期。战争是技术进步的巨大刺激物。第一次世界大战带来了喷火器、化学武器和机枪的发展。伴随着第二次世界大战，科学技术不断进步，在一个名叫沃纳·冯·布劳恩的年轻研究生的带领下，远程弹道导弹得到了发展。在冯·布劳恩很小的时候，他的母亲在他参加坚信礼之后送了他一台望远镜，之后他就迷上了天文学。他的灵感来自火箭驱动的汽车创下了陆地行驶速度纪录的消息。有故事说，在他还是个孩子的时候，他试图通过在卡丁车上安装烟花来重现这些纪录。结果，冯·布劳恩被警察拘留，直到父亲把他接走。不过，在这个早期的实验之后，冯·布劳恩最终从柏林大学获得了航空航天工程博士学位。他的论文对外公开的题目是《燃烧试验研究》，但是真正的题目被德军设为机密，实际上是《液体燃料推进剂火箭的构造、理论和实验解决方案》。

事实上，冯·布劳恩和他的团队利用美国人罗伯特·H. 戈达德开创的工作，正在制造液体燃料推进火箭。至 1934 年，他的团队已经制造了两枚液体燃料火箭，飞行高度达到了两千米。它们是德军号称"复仇武器"的"死亡机器"的前身，目的是攻击盟军城市，作为对盟军一方轰炸德国城市的报复。这种类型的火箭后来被称为 V-2 火箭，是我们今天用于太空探索的火箭的前身。V-2 火箭具有远距离携带弹头的能力，因此它们可以在法国或德国发射，给欧洲的主要城市带来恐怖性打击。这是一种比飞机携带炸弹更有效的破坏方式。有了火箭技术，便可以从本国境内发射歼灭性导弹，而不用与敌人正面交锋。

V-2 火箭是由位于德国中部的米特尔维克集中营的囚犯制造的。当导弹第一次袭击伦敦时，英国政府试图掩盖德国最新研制的武器带来的威胁，将爆炸归咎于天然气泄漏。然而，当德国宣布部署这种新武器时，温斯顿·丘吉尔只得公开承认，伦敦已经被火箭携带的炸弹袭击了好几周。

由于对这种新型武器没有真正有效的防御措施，同时也是为了应对 V-2 火箭造成的巨大破坏，英国情报部门设计了误导性的报告，有意让德国人截获。这些报告称 V-2 火箭并没有击中目标，偏离伦敦 32 千米（20 英里）。德军为此进行了重新校准，调整了导弹的轨迹，实际上却使其着落点远离伦敦，击中了人口密度小得多的肯特郡地区。英国情报部门随后发出公报称，导弹以最大的破坏力击中了目标。从 1944 年 9 月开始，德军向欧洲各地的目标发射了 3000 多枚 V-2 火箭。

重要的是，V-2 火箭不仅是第一枚远程弹道导弹，也是第一种抵达外层空间的人造物。在 1944 年 6 月 20 日的实验中，一枚 V-2 火箭的发射高度最高达到 176 千米（109 英里）。地球大气层顶部和外层空间之间的界面被认为是海拔 100 千米（62 英里）处。所以，这枚 V-2 火箭的发射高度远远超出了地球的平流层。

100 千米的界限并非太空和地球之间的分界点；人们认为匈牙利裔美国工程师、物理学家西奥多·冯·卡门第一个发现这个高度以上的大气如此稀薄，以至于飞行器需要以超过轨道速度的速度飞行，才能有足够的升力停留在空中。为了纪念他，这条假想的分界线被命名为卡门线。

火箭技术首次进入太空后，世界各国都希望拥有这种新型武器。1945 年，美国在日本广岛和长崎投放原子弹，第二次世界大战结束。在走向灭亡的最后几周，德军认为，与其让敌人从其研究中获得优势，最好的保护措施是销毁 V-2 火箭计划的所有细节以及所有参与该计划的工作人员。

苏联人和美国人都迅速行动起来，竭尽所能地拯救该项目和参与人员。美国人捷足先登，成功地收编了冯·布劳恩和他的团队，并将他们运回了美国。第二次世界大战已经结束，而太空竞赛才刚刚开始。

1957 年，第一颗人造卫星从苏联的拜科努尔发射。这一伟大壮举是谢尔盖·科罗廖夫和他的科学家、工程师团队辛劳工作的结晶。科罗廖夫生前鲜为人知，苏联一直对他的身份严加保密，直至他 1966 年离世。

随着苏联在 1961 年 4 月 12 日将第一个人类宇航员尤里·加加林送入太空，苏联人在这场竞赛中的优势不断扩大。不过，在同年晚些时候，时任美国总统约翰·F. 肯尼迪承诺在未来十年内将第一批宇航员送上月球。

在肯尼迪做出这个承诺的时候，美国刚刚把第一个美国人送入太空，而且他并没有进入轨道，只是进行了一次持续仅 15 分钟的亚轨道飞行。从这次短暂的飞行到将宇航员送上月球，需要巨大的技术飞跃和大量的资金支持。最终，美国人只用了 8 年就实现了他们的目标。

他们到底是怎么做到的呢？当肯尼迪做出承诺时，并没有人知道如何把人类送上月球。为了实现他们的目标，很多事情都得提前到位。

当然，第一个关键因素是钱。为了快速发展这项技术，在"阿波罗计划"期间，美国不得不在太空技术上花掉联邦预算的 4%。

民众对这项任务的支持也是关键——想要花费该任务所需的巨额资金，就得让美国人民对项目的进展感到满意。不过，因为苏联似乎要赢得太空竞赛了，公众舆论都支持这个项目。很明显，苏联也盯上了月球，开始推进"月球计划"。在当时的政治环境下，共产党人被视为新的对手。赢得下一阶段的太空竞赛让人觉得既事关安全，也事关民族荣誉。

最后一个关键因素当然是技术本身的发展。从亚轨道飞行到登月，美国人需要在几个领域取得重大的进展。为了将所有设备送入太空，他们研发了"土星 5 号"火箭，这是有史以来最大的太空火箭。此外，还必须研制着陆器，使宇航员安全到达月球表面。同时还要研发足够坚固的宇航服，既要保护宇航员不受月球恶劣环境的伤害，又要足够灵活，让里面的人能够轻松移动。总之，必须克服无数的挑战。

1969 年 7 月 20 日，美国人终于实现了梦想，尼尔·阿姆斯特朗、巴兹·奥尔德林和迈克尔·柯林斯开始了月球之旅，阿姆斯特朗成为第一个在月球表面行走的人。这一成就实际上标志着太空竞赛的结束（继续进行太空竞赛耗费极其高昂），但它也实现了让人类离开地球、飞向其他星球的目标。

登月简史："月球计划" 和 "阿波罗计划"

尽管 "阿波罗 11 号" 第一次成功完成载人登月的任务，但是还有其他一些任务也是在 "阿波罗号" 的旗帜下完成的。正如下表所示，苏联的 "月球计划" 在 "阿波罗计划" 之前和之后都曾将物体送上月球。

任务	发射日期	备　注
月球1号	1959年1月2日	飞掠：未能按预定计划着陆月球；这是有史以来第一个围绕太阳公转轨道运行的宇宙飞行器。
月球2号	1959年9月12日	着陆器：在月球着陆，成为第一个降落月球表面的人造物体
月球3号	1959年10月4日	飞掠：第一次拍摄到月球背面的照片。
月球4号	1963年4月2日	上面级火箭故障，任务失败
月球5号	1965年5月9日	软着陆器：原计划第一个登陆月球的软着陆器，但由于反向火箭故障而硬着陆。
月球6号	1965年6月8日	软着陆器：中途修正失败导致探测器飞离月球
月球7号	1965年10月4日	软着陆器：由于反向火箭过早起火而失败。
月球8号	1965年12月3日	软着陆器：尽管着陆器的一个安全气囊发生穿孔（导致着陆器旋转），反向火箭发射较晚，但仍然完成了大部分任务，包括测试恒星制导系统。
月球9号	1966年1月31日	软着陆器：经过11次尝试，月球9号成为首个在月球表面软着陆的航天器。它发回了月球景观的照片，并证实了月壤可以承受航天器的重量。

任务	发射日期	备 注
月球 10 号	1966 年 3 月 31 日	轨道飞行器：月球 10 号是绕月球飞行的第一颗人造卫星。机载仪器包括一个陨石探测器、一个磁场测量装置和一个伽马射线探测器。
月球 11 号	1966 年 8 月 24 日	轨道飞行器：通过测量 X 射线和伽马射线的辐射量，以及陨石流和太阳风来研究月球表面。在电池失效前，此次任务完成了 227 次绕月飞行。
月球 12 号	1966 年 10 月 22 日	轨道飞行器：为拍摄月球表面而设计。在返回地球前，此次任务完成了 602 次绕月飞行。
月球 13 号	1966 年 12 月 21 日	月球着陆器：探测器在月球表面风暴海附近软着陆，月球土壤测试探测器发回了月球表面的图像。
阿波罗 1 号	1967 年 1 月 27 日	预演中由于火花点燃了高压纯氧大气，宇航员在发射前死亡。
阿波罗 2-6 号		无人技术测试任务。
月球 14 号	1968 年 4 月 7 日	轨道飞行器：任务持续了 8 天，旨在测试未来登月探测器的通信系统。
阿波罗 7 号	1968 年 10 月 11 日	地球轨道测试飞行，包括第一次从美国航天器上进行电视直播。
阿波罗 8 号	1968 年 12 月 21 日	第一次绕月飞行：20 小时绕月 10 圈。土星 5 号的首次载人飞行。

任务	发射日期	备　注
阿波罗 9 号	1969 年 3 月 3 日	登月舱（LM）首次载人飞行试验：测试推进、交会和对接。一次 EVA（舱外活动，或太空行走）测试了便携式生命维持系统。
阿波罗 10 号	1969 年 5 月 18 日	登月"彩排"。登月舱下降到距离月球表面 15.6 千米处。
月球 15 号	1969 年 7 月 13 日	在完成 52 次绕月飞行后，空间探测器开始下降采集样本，但在危海附近迫降。发生于阿波罗 11 号宇航员在月球表面的时候。
阿波罗 11 号	1969 年 7 月 16 日	第一次登月，着陆点静海；一次月面行走。
阿波罗 12 号	1969 年 11 月 14 日	第一次精准登月，着陆点风暴海，两次月面行走。
阿波罗 13 号	1970 年 4 月 11 日	由于服务舱（SM）氧气罐爆炸，取消了原定于弗拉莫罗环形山的着陆计划。着陆舱被用于安全返回。第一次 S-IVB 段撞击月球，进行地震测试。
月球 16 号	1969 年 9 月 12 日	样本返回：第一次在月球表面着陆的机器人探测器，并带回样本。探测器在丰富海附近着陆，带回 101 克月壤样本。
月球 17 号	1969 年 11 月 10 日	着陆器和月球车：第一次部署月球车"Lunokhod 号"，第一部在另一个天体上遥控使用的月球车。在月球表面雨海附近行驶了 10 多千米。最初设计工作 3 个月球日（3 个月），但任务延长，工作了 11 个月球日。

任务	发射日期	备注
阿波罗14号	1971年1月31日	在弗拉莫罗环形山成功着陆。首次从月球表面发回彩色电视图像。两次月面行走。首次在太空中进行科学实验。
阿波罗15号	1971年7月26日	在亚平宁山脉成功着陆。在月球停留了三天。首次使用月球车。进行了三次舱外活动和一次深空舱外活动（从服务舱回收轨道相机胶片）。
月球18号	1971年9月7日	原定是简单的一次样本返回任务，但在完成54次绕月飞行后，软着陆出现错误，航天器在月面丰富海附近坠毁。
月球19号	1971年9月28日	轨道飞行器：研究月球引力场，发现质量瘤（mascons）。
月球20号	1972年2月14日	样本返回：在丰富海附近、名为阿波洛尼乌斯高地（Terra Apollonius）的山区软着陆。将30克月壤样本带回地球。
阿波罗16号	1972年4月16日	在笛卡尔环形山着陆，一次深空舱外活动。
阿波罗17号	1972年12月7日	在陶拉斯-利特罗山谷着陆，第一次夜间发射，三次月球表面舱外活动，一次深空舱外活动。
月球21号	1973年1月8日	着陆器和月球车：成功月面着陆，部署"Lunokhod 2号"。月球车在月面行驶了近40千米。
月球22号	1974年5月29日	轨道飞行器：任务目标为月球表面图像和测量月球磁场、引力场。
月球24号	1976年8月9日	样本返回：月球计划最后一次任务，在危海着陆，并带回170克月壤样本。

当前的探月计划：最近十年

　　既然"阿波罗计划"已在近半个世纪前结束，那么我们现在处于什么境地呢？在过去十年里，探月任务又重新有了起色，不过这些任务的执行者不再仅仅是原来的国家。在探索我们的太空近邻的舞台上，中国、印度和日本现在似乎正越来越多地扮演中流砥柱的角色。

　　这其中，中国的探月计划最为雄心勃勃，在过去十年，中国一直在规划和测试一系列太空任务，并计划在这十年结束前完成两次样本返回任务。

以下是近期（2017 年以前）探月计划所取得的科学成就。

任　务	发射日期	国家	成　就
月亮女神号（SELENE）	2007 年 9 月 14 日	日本	轨道飞行器：这次任务修正了月球全球地形图，用于制作三维谷歌月球。它还帮助创建了详细的月球背面的引力地图，并提供了月球南极"冷阱"沙克尔顿月坑的第一个可见图像。
嫦娥一号	2007 年 10 月 24 日	中国	轨道飞行器：中国的第一个月球探测器。扫描了月球，生成了一幅更高清晰度的月球地形 3D 地图。该探测器还绘制了月球表面各种化学元素的含量和分布图。
月船 1 号（Chandrayaan-1）	2008 年 10 月 22 日	印度	轨道飞行器：印度的第一次探月任务。值得注意的是，月船 1 号的数据帮助确定了月球上存在水冰，在两极地区含量更为集中。它的撞击探测器在撞击月面之前探测到月球上有水的迹象。

任　务	发射日期	国家	成　就
月球勘测轨道飞行器（LRO）	2009 年6 月 17 日	美国	轨道飞行器：美国宇航局在月球天空中的眼睛，旨在绘制月球表面的详细地图以便规划未来的月面任务。它已经拍摄了一系列"阿波罗号"登陆点的高分辨率图像，展示了月球表面的设备和车辆轨迹。以 100 米的分辨率拍摄了一幅全月球月面地图。飞行器还装有一个微芯片，上面有 160 万个希望把自己的名字放在月球上的人的名字。
月球陨坑观测和遥感卫星（LCROSS）	2009 年6 月 17 日	美国	轨道器和着陆器：LCROSS 与 LRO 一起发射，被设计为继月船 1号探测到水后的后续任务。航天器经历了一些困难，但最终能确认水的存在。
嫦娥二号	2010 年10 月 1 日	中国	轨道飞行器：中国探月任务的新阶段，嫦娥二号的科学目标是实现 7米分辨率的月球整体成像，并创建月球表面多种元素的分布图。

任　务	发射日期	国家	成　就
			月球任务结束后，航天器被推进到太空，现在距离地球 2 亿多千米，并希望抵达 3 亿千米。
重力回溯及内部结构实验室探测器（GRAIL）	2011 年9 月 10 日	美国	轨道飞行器：GRAIL A 和 GRAIL B，后更名为退潮号（Ebb）和涨潮号（Flow），运行在月球两极附近一个接近圆形的轨道上，高度约 55 千米。两个探测器之间的距离在飞越月球表面重力大小不一的区域时发生了细微变化，比如山脉、环形山、月坑和隐藏在月球表面下的质量瘤。它们的研究结果引发了对月球上一些较大月坑形成方式的重新评估。
月球大气与粉尘环境探测器（LADEE）	2013 年9 月 6 日	美国	轨道飞行器：此次任务的目的是分析月球非常稀薄的大气层。在月球大气层（因为很薄而被称为外逸层）中，最丰富的元素是氦、氩和氖。氩和氖被认为源自太阳风。

任　务	发射日期	国家	成　就
嫦娥三号	2013 年 12 月 2 日	中国	着陆器和月球车：嫦娥三号是中国探月计划的第一个着陆器/月球车任务。除了采集高分辨率图像以找到合适的着陆点，嫦娥三号还成功地在月球上实现了软着陆，并部署了月球车。
嫦娥五号 T1 飞行试验器	2014 年 10 月 24 日	中国	飞掠和返回：嫦娥五号样本返回任务的测试飞行器。在转入月球轨道之前，飞行器被短暂地置于地球停泊轨道（Earth parking orbit）。然后它绕着月球飞行，在整个任务过程中拍摄了月球和地球的照片。该飞行器在内蒙古着陆，并返回北京。

月之未来

前景展望

我们何时重返月球？

谈及人类登月任务时，我们通常会引用尼尔·阿姆斯特朗初次踏足月球表面时的名言。但若要展望今后几十年人类在月球上的未来，我认为，要援引最新一次登月任务中留下的语录才更妥当。

1972年发射的"阿波罗17号"是人类迄今为止的最后一次载人登月任务（令人遗憾的是，目前还没有女性登陆过月球）。就在指挥官吉恩·赛尔南登上飞船、紧闭舱门准备返航地球之际，他如此说道：

> 希望我接下来的话能够载入史册：美国今日的挑战将铸就人类明天的命运……我们抵达月球又匆匆离开，如果条件允许，愿我们能带着全人类的和平与希望，在未来重返这里。

他的话语铿锵有力，但50多年过去了，他的期许还是没有实现。2017年过世的赛尔南曾于早些年公开问道：

我们何时才能重返月球？

可是直到今天，要实现这一愿望依旧机会渺茫。近几年来，权威航空航天科研机构普遍缺乏专注精神和雄心，更重要的是，它们的资金匮乏问题也尤为严峻——不过，登月的较量在当下已有回温之势。

为何如此呢？原因不外乎两个字：竞争。在过去十年里，越来越多的国家开始参与月球探索，因为他们逐渐意识到了月球的巨大开发价值。为了更好地利用这些价值，每个国家都不甘落后，争相资助新的探索任务。

遥感技术让我们对月球表面可利用的资源之丰富、诱人有所认识，对于这一点，"阿波罗号"和"月球号"探测器只能略有触及。就目前而言，月球上只有 13 个软着陆点，它们均靠近赤道且位于月球亮面。因此，无论是在比喻意义还是字面意义上，现阶段月球探测器对月球的研究都不过仅仅"触及表面"，显然还有很多地方有待探索。如果能将"阿波罗计划"所测数据与最新的遥感数据相结合，在未来的月球探索中采取更有针对性的方法，想必可以带来有益的成果。

除了国家，私人组织也在向月球进发。有一批项目得到了媒体的大力关注，它们实际上是受到了"谷歌月球 X 大奖赛"的启发。该比赛发起于 2007 年，旨在鼓励私人组织开发出能够以更低成本登上月球的技术。要赢得比赛奖项，参赛公司必须把航天器发射至月球表面，让它在月面环境下行驶 500 米（1640 英尺），并且将高清视频和图像传回地球。

2011 年 2 月，总共有 32 支队伍报名参加了该挑战赛，但到了 2017 年 1 月，只剩下 5 支。在多次延长截止日期之后，该奖项于 2018 年 1 月被正式列为无人认领，因为没有人能成功地实现上述三个要求。不过，这项赛事影响广泛，不仅在全球范围内筹集了总计 3 亿美元的巨额资金，还促使印度、马来西亚、以色列和匈牙利成立了第一批商业航天公司，有许多工作岗位因此被创造出来。

SpaceX、维珍银河、毕格罗宇航公司等广为人知的航天公司也在致力实现月球旅行的商业化。但到目前为止，赛尔南在月球上说的那些话仍然只是美好的愿景，没能成为现实。

然而，此时其实还有一个更大的问题有待讨论，那就是我们究竟为什么要费这些工夫呢？到底为什么要竭力把人类送回月球呢？答案可以从两个主要方面展开：在月球上可以进行的科学研究，以及涉及月球资源和所处位置的商业活动，其中就包括太空旅游。

月球科学的未来

伊恩·克劳福德是这方面的一位专家，也是我以前的同事。他是行星科学和天体生物学的教授，目前在伦敦大学伯贝克学院工作。长期以来，人类太空旅行一直是他的热情所在，他也是多个委员会的成员，负责研究将人类送上太空的后勤问题。如他所言，他认为"科学不是，也永远不可能是人类进行太空活动的唯一动机。尽管如此，行星科学仍会是人类探索太空，尤其是月球和火星地质构造的主要受益者"。

那么，在月球上究竟能做出什么样的研究，值得我们花费如此高昂的成本？事实上，月球拥有一些独特的特征，而这些特征在地球上几乎无法重现。

极其稀薄的大气层

在地球上，天文学研究会受到大气层的阻碍。受大气湍流影响，直径大于 4 米（157 英寸）的望远镜在运行时，被观测物体会不断晃动，导致能进行的科学研究非常有限。如果你在夜间去户外观察天空，星星之所以闪烁，也是因为大气的湍流运动。在过去，人们会将望远镜发射至太空中以克服这一问题，但人们终究只能部署数量及体积有限的太空望远镜，因为它们实在过于昂贵。然而，在过去的 40 年里，人们为地面望远镜开发了一种名为自适应光学的新技术，可以使星星及其他被观测物体免于闪烁。此种技术固然奏效，但将望远镜建在月球才是真正两全其美的方案——这样一来我们既能获得太空望远镜的清晰度，又可以充分利用一些支持地面望远镜的基础设施。

哈勃望远镜就是太空望远镜面临挑战的一个例证。1990 年 4 月 24 日，哈勃望远镜发射之后，某一光学元件出现了故障，对其性能造成影响。为了维修这一故障，宇航员们乘坐航天飞机前去执行任务，为其安装矫正透镜，此举花费了美国纳税人约 8500 万美元。

让星星不再闪烁

在闪烁的星空下生活，听起来很浪漫，但对天文学家而言，星星的闪烁会造成麻烦，因为它限制了我们观察并解决问题的限度。尽管"一闪一闪"听起来像是星星本身固有的特质，但事实上此种现象是由地球大气的湍流引起的。

在过去的40年间，人们利用一种叫做自适应光学的方法，使星星看起来不再闪烁，以便从地面上对之进行更清晰的观察。使用这种方法需要选取一颗明亮的、靠近被观察物体的"参考星"，作为监测与测量大气湍流干扰程度的参考点。在测量了大气情况之后，复杂的计算机程序会在几毫秒内计算出此种干扰的逆过程。然后，这一信息被发送到位于望远镜光路上的一个可变形镜面上。变形镜的形状会不断改变以校正大气湍流带来的抖动，从而消除大气湍流影响，提高图像清晰度。值得一提的是，以上的所有步骤都会在近乎实时的情况下完成。

夜空中有成千上万颗这样的天然参考星，但倘若仅借助天然参考星，这种方法只能观察到大约1%的天空。因此，科学家们想出了弥补的办法：当附近没有合适的天然参考星时，可以制造人工参考星。具体来说，就是向地球上层大气发射强大的激光束，创造光点。这样一来，人们如今几乎可以有效观测到整个天空，因为天文学家可以将激光射向任何地方来制造出明亮的人工参考星。

无线电静默

月球是进行射电天文学研究的圣地，十分适宜于观测天体的无线电波。虽然这一研究同样可以在地球表面完成，但从太空接收到的微弱信号很容易被地球本地的无线电噪声盖过。不同于地面射电望远镜，位于月球背面的射电望远镜可以免受地球大量无线电噪声的影响。此外，地面射电望远镜的另一局限在于，它只能探测到由太空中天体发出的某些特定无线电频率。据研究，无线电窗口的频率波段约为 5MHz 到 30GHz，在这一窗口的低频端，各个天体产生的无线电信号会被地球的电离层反射回太空；而在这一窗口的高频端，无线电波又会被大气中的水蒸气和二氧化碳所吸收。相比之下，月球大气层十分稀薄，具备观测全频谱无线电频率的条件，这使我们可以对一些从未观察过的频率展开探索，从而带来更多令人振奋的新发现。

更低的重力，更大的望远镜

无论天文学家——专业的或是业余的——试图收集

哪种光（X射线、可见光、无线电波、紫外线），他们都一致需要更大的望远镜。更大的望远镜有能力收集更多的光，而更多的光可以保证更高的分辨率，使我们看得更清楚。

在地球上，建造大型望远镜成本高昂。欧洲极大望远镜（E-ELT）是一个主镜直径达39米（128英尺）的光学望远镜。[没错，它的确叫这个名字。它还有一个比它小的表亲叫"超大望远镜"（VLT），由4台口径为8米（26英尺）的望远镜组成，和它一样位于智利的阿塔卡玛沙漠。]它由欧洲国家的财团出资建设，耗资约为12亿美元。

如果我们现在就在月球上建一个ELT，肯定要花费比这更高的成本。然而，如果将来月球基地上的基础设施有所完善，望远镜的造价将会显著降低。月球上的引力只有地球的六分之一，所需的支撑结构更少，这使建设更大的望远镜成为可能。而且，月球上吊装望远镜的过程也会更加轻松。我们还可以充分利用月壤中的元素，无须从地球上转运过多材料。

无光的环形山

正如我们在"观测月球"一节中所讨论过的，当我们在地球上观测太空时，光污染是一大主要干扰。太阳辐射会以光或无线电波的形式，淹没我们试图探测的微弱信号。然而，据我们所知，月球上有些环形山是太阳光永远也无法照射到的，其部分区域一直处于黑暗之中。这些区域可谓是安置光学望远镜的理想位置——在地球上，这种望远镜只能运作半天，因为白天艳阳高照，会产生大量光污染，以至于光学天文学家只有在太阳落山之后才能工作。相比之下，无光环形山中的望远镜完全可以做到全天候运作。

宇宙中的"时间胶囊"

目前为止，我们提及的所有科学研究都可以在地球上完成，只不过在月球上效果更佳。但是，月球还具备地球所无法比拟的独有特征。月球表面侵蚀作用弱，大气极为稀薄，这使它完整记录下了太阳系的历史。我们知道，在太阳系形成之后，月球仍不断被各种残余碎片撞击。于是，月球好比一个独一无二的时间胶囊，有助于我们研究地球的起源及其在太阳系中的位置。被带回地球的月球样本已然为我们揭开了宇宙中的许多奥秘，但如果能让真正的地质学家亲自登月，一定能够发现更多你我目前无从想象的惊喜。

我对太空时代的划分
以及商业化如何助力太空探索

长期以来，我有一种理论：自人类在 1957 年 10 月 4 日开创太空新世纪以来，我们已经经历了三个太空时代。

1. **对抗**时代：太空时代诞生于第二次世界大战期间开发的技术，源于将洲际弹道导弹发射到远方的需要，这足以见得太空探索起源于一段非常黑暗的历史。

2. 紧接着的是**合作**时代：我作为一名空间科学家的职业生涯就是在这一时期度过的。这一时期我们见证了欧洲航天局和国际空间站的成立，我最喜欢的历史时刻之一也发生在这一时期，即 1975 年苏联"联盟号"和美国"阿波罗号"实现太空舱对接，双方宇航员在太空中完成了划时代的握手。但诚如吉恩·赛尔南所言，这一时代缺乏对抗时代所具有的一些远见，资金匮乏问题也异常突出。

3. 第三个时代，也是我最感兴趣的时代——**商业化**时代：在我看来，这是推动航天工业发展的动力，将会带领我们在太空之旅中迈出下一步。

月球商业的未来

的确，月球是科学家们探索发现的乐园。但正如伊恩·克劳福德先前所说，对科学本身的追求并不足以推动未来探月工程的发展。我们还需要更加有利可图的理由，以支撑我们持续探索。在本节中，我们将探讨开发月球的一些商业原因，这些原因包括利用月球的自然资源和能源，以及为人们提供度假消遣的旅游胜地。

资　源

在开始探讨月球资源潜在的商业用途之前，我们不妨先回顾一下人类了解月球地质的途径。如上文所述，这类数据共有三个主要来源。第一个来源是苏联的"月球号"以及美国的"阿波罗号"月球探测器，它们总共带回了约400千克的月球样本以供世界各地的科学家进行分析，其中还有一些样本被冷冻保存在休斯顿的林登·约翰逊航天中心；第二个来源是月球在遭受撞击之后溅落在地球上的月球陨石；第三个（也是最新的）来源是高科技遥感。

令我感到非常荣幸的是，我曾短暂在林登·约翰逊航天中心工作，并接触到少量的原始月岩样本。早在 20 世纪 70 年代，地质学家就已经通过分析这些样本，得出了月球表面富含矿物质的结论。

除此之外，这些样本还向我们揭示出了哪些信息呢？研究发现，月岩样本的性质与其产地有关。比如，来自高原和来自月海的岩石成分会略有不同。从月海中采集到的岩石显示出了大量的金属痕迹，大约有 15% 的氧化铝、12% 的氧化钙、14% 的氧化铁、9% 的氧化镁、4% 的二氧化钛和略高于 0.5% 的氧化钠。

来自月球高原的样本成分相似，但比例有所不同，含有 24% 的氧化铝、16% 的氧化钙、6% 的氧化铁、7.5% 的氧化镁，以及超过 0.5% 的二氧化钛和氧化钠。

从这些研究中，我们可以得出的结论之一是：月球岩石含有大量的氧化物矿物。这意味着月球上的氧元素非常丰富，虽然它们都以化合物的形式储存于岩石之中，但我们仍有机会通过实验将这些氧气提取出来，以供宇航员呼吸，或是用其制造水甚至火箭燃料。

月球表面的稀土资源同样储量庞大。稀土指的是一组化学性质相似的金属元素，总共有 17 种，其中一些元素对高科技产品的制造至关重要。尽管这种资源名为"稀土"，但它们在地球上其实不算稀少，只是提取十分困难。

由于稀土金属在制造高科技产品的过程中不可或缺，它们如今在全球经济中扮演着日趋重要的角色。目前，中国的稀土储备独占鳌头，产量占全球 90% 以上。许多国家对规模化开采月球稀土兴致勃勃，希望借此摆脱稀土进口依赖。

水

在起初的研究中，科学家们没有从"阿波罗计划"携带回的样本里发现水，月球也由此被视作完全干燥。这是一个令人失望的发现，使任何进一步的研究显得多此一举。然而，近来科学家们用二十一世纪的先进仪器对这些样本展开重新分析，出乎意料地发现其中含有之前从未检测到的羟基，即含水岩浆冷却时会产生的一种化合物。看来，月球上不仅有可以利用的水资源，其储量还相当丰富。

不过，月球水资源的具体分布，还有待进一步的研究。有些人认为，月球内部的水可能足够填满两倍半的北美五大湖。或者换个说法，如果把月球上所有的水都放在月球表面，将会形成一个1米深的水层，覆盖住整个月球。

就目前而言，我们已知的是月球表面的月壤包含大量水分，其微量浓度为百万分之十到百万分之一千，这个数字在月球南北两极地区的永久阴影区（"冷阱"）中还要更高。和氧一样，月球上的水对宇航员来说极具价值，将成为火箭燃料、可呼吸空气和饮用水的宝贵来源。

此后，以这些研究为基础，借助多次遥感观测任务，科学家们不仅再次证实了月球表面存在水，还进一步揭示了月表水的可能成因。

"月船1号"探测器是印度的首个探月任务，它有一个轨道飞行器和一个撞击器。2008年11月，其撞击探测器被弹出，用25分钟时间向月球撞去，在此过程中采集到了月球稀薄大气中存在水的证据。次年11月，美国月球陨坑观测和遥感卫星（LCROSS）在月球南极也有了类似发现：经过分析，从LCROSS的撞击器让月球表面扬起的物质中发现了水。2010 年 3 月，"月船 1 号"的轨道飞行器在月球北极附近发现了 40 多个永远处于阴影区域的陨石坑，人们认为这些陨石坑中可能含有数百万升冰。随后，2012 年，美国月球勘测轨道飞行器（LRO）进行的调查证实，沙克尔顿陨石坑（位于月球南极地区）底部物质的 22% 是冰。以上种种迹象表明，**月球上真的有水**！

至于月表水的来源，有两种不同的理论。首先是老生常谈的撞击说，该说法认为含水的彗星、小行星和流星体与月球发生撞击，把水带到了月球上。第二种解释是，太阳风的氢离子与月壤中的含氧矿物在月球上发生了反应，彼此结合而形成了月表水。

氦-3

除了水，还有一种资源被认为是月球上最有价值的贵重物质之一，它就是氦的同位素氦-3。

氦-3 原子是发生在太阳中心的**核聚变反应***所产生

---

* 核聚变反应受爱因斯坦的狭义相对论方程支配，公式为 $E=mc^2$。其中 E 代表释放的能量，m 代表质量，c 代表光速。光速 c 大约等于每秒 3 亿米（m/s），所以在这个等式中，c 的平方已经达到将近 $9×10^{16}$ m^2/s^2。由此我们可以看出，即使是质量很小的物体也蕴含着巨大的能量，这就是原子弹所运用到的原理。

的副产品。这一核聚变反应使太阳能够源源不断地发光发热，并且释放出巨大的能量。一旦温度和压力达到要求，该反应就会发生，使各个相互独立的原子核合为一体，产生出新的元素并释放能量。

受太阳风的影响，氦-3 不会停留于太阳表面，而是被卷入太空，穿过太阳系，最终到达更远的地方。但正如我们此前提及的那样，太阳风会撞上阻碍它前进的物体（如月球），在其表面沉积物质。目前，科学家们还没能在地球上找到任何可靠的氦-3 来源，但月球表面很有可能沉积了储量可观的氦-3。

尽管我们如今鲜少有机会用到氦-3，但世界各地的科学家正在试图建立核聚变反应堆，以利用核聚变带来的巨大的潜在能源。如果要着手修建这样的反应堆，氦-3 就会变得不可或缺，因为它清洁且无放射性，是一种理想的燃料。然而，氦-3 储存在月球岩石中。若想要将它提取出来，唯一方法是在月球表面进行露天开采，而这一手段颇受争议。

月亮发电

除了为未来的核聚变反应堆提供氦-3，月球还有其他办法可以为地球上的人类供电。

目前，全球人口为 73 亿。据估计，到 2050 年，这个数字将超过 97 亿。到那时，石油储量可能会被耗尽，人们对新能源的需求将大幅上升。有一种方案可以解决这一能源问题，那就是在月球上建设大规模的太阳能发电厂，并通过微波将产生的能量传回地球。

由于没有大气层，月球是安置太阳能电池板的绝佳地点，它甚至要比地球上任何一个日照充足的荒野都更加理想。而且，月球上有局部区域几乎 24 小时都在接收阳光，这就让在月球上安装太阳能电池板的主意显得更加合理。此外，我们甚至还能控制机器人铲起月尘，就地取材，利用月尘制造太阳能电池板，铺设在月球表面。

伦理上的两难

从伦理的角度来看，我们是否应该考虑以上这些方案？我们真的要用太阳能电池板覆盖月球的大部分区域吗？这样一来，我们在地球上也能望见这些电池板。而且，露天开采会对环境造成严重破坏，我们真的要如此伤害月球吗？

> 我们人类费尽心思重返月球，仅仅是为了不惜一切代价获取资源吗？还是说，我们应该像对待南极洲一样，把月球当成一片荒野、一个值得珍惜和保护的圣地？
>
> 鉴于传统的化石燃料很可能马上就要被耗尽，这些问题其实并不容易回答。但是，我是一个为月亮痴狂的人，我的本能告诉我，人类应该小心行事，尽可能不破坏月球生态环境。

太空旅游

月球有众多潜在资源可供利用，但有一个方面我还迟迟没有提到，那就是太空旅游。到目前为止，只有少数人曾豪掷千金，付费前往太空旅行。要到什么时候，我们普通人才能拥有去太空旅游的机会呢？无论是去亚轨道还是近地轨道、月球或是更远的火星，能去哪里都好！

太空旅游这一概念总是让我想起 20 世纪 50 年代的国际航班，那时只有大人物才能踏上这样的旅程。只要提到国际航班，人们就不禁联想到大明星手捧一只吉娃娃登上飞机，前往异国他乡的画面。国际旅行曾经是令人们艳羡的一种奢求，但在短短 70 年之后，我们已经有了易捷航空等廉价航空公司，每个人都有机会以相对便宜的价格乘坐飞机出行。（一个很好的例子是我的女儿劳伦：在她 4 岁时，她已经乘坐了 100 多次飞机，而我 14 岁时才第一次登上飞机。）

航空旅行是如何走向大众化的？究其根本，原因在于商业运作。资本从旺盛的民航出行需求中发现了商机，于是通过发展技术推动价格下降，促使航空业进入大众化消费时代，以便从中牟取更多利润。除了国际航班，自 20 世纪 80 年代以来，电脑硬盘也大致经历了这一发展历程。尽管最初十分昂贵，硬盘在如今早已价格亲民。手机也是一个很好的例子：早些时候的手机足足有一块砖头大小，只有一些富商才买得起；今天人们却能够人手一部轻薄便携、功能强大的智能手机，除了不能用它泡茶，几乎什么都可以实现。

我希望太空旅游的发展会遵循相同的路径：随着人们的呼声愈发高涨，技术将加速发展以满足需求，最终使廉价、安全的登月旅行变得触手可及。不过，这一目标实现的首要条件是大规模开展月球的基础设施建设。就此，人们已经展开了长时间的讨论，但月球基地究竟要到什么时候才能变为现实呢？

月球基地的设想

　　人类建立月球基地的愿望由来已久。对于渴望鼓舞民众的美国总统而言，纸上谈兵地讨论开展月球基础设施建设不失为一种权宜之计；不得不说，肯尼迪总统就深谙此道。但是，比起空谈，大多数群众更希望见到国家的财政支出花在实处。

　　第二次世界大战后，在美苏太空竞赛开始时，人们就月球基地的建设提出了许多建议。的确，20 世纪 50 年代的空气中弥漫着某种乐观情绪；在这一时期，凡事似乎皆有可能，殖民月球听起来极有可能是月球探索的下一发展阶段，绝非遥不可及。

　　纪录片《夜空》的第 47 集——目前该纪录片已达 750 集——首播于 1963 年 9 月，就是这方面的一个例子。在这一集中，阿瑟·C. 克拉克做客，与帕特里克·摩尔讨论了月球基地的设想。有必要指出的是，此时距太空时代拉开帷幕仅过去了六年时间，离人类首次登月也还差六年。

本集中出现的所有月球基地建设蓝图，均具有鲜明的 20 世纪 50 年代风格的科幻色彩。其中，有部分图纸可以追溯到 1948 年，是由雷·史密斯设计的。这些图纸显示，未来的月球居民将生活在由压力穹顶包裹的中心基地。基地还建有管状农场，以供人们种植食物、制备氧气，从而实现最大限度的自给自足。

有趣的是，克拉克当时认为俄国人将率先做到把人类送上月球并返回地球——他预测这将发生在 1968 年。尽管当时美国每天都要在月球计划上花费 1000 万美元，他仍坚持认为，美国要等到 20 世纪 70 年代初才有能力实现载人登月。克拉克还预言道，20 世纪将会见证火星基地的落成。

在此期间，还有其他许多航天机构提出了有关建立月球基地的建议。正如克拉克所介绍的方案那样，这些提议同样将月球基地设计成了一个尽可能自给自足的系统，力求通过利用月球当地的资源，满足人们的生活需求。然而，随着美国对"阿波罗计划"的支出不断增加，以及 20 世纪 70 至 80 年代人们对登月的兴趣逐渐消退，所有关于此类基地的想法都被放弃了。但是，近几十年来，详细的建议再次被提出。

在乔治·W. 布什执政期间（2001—2009 年），美国政府委托美国宇航局设计"月球前哨站"，作为其"太空探索远景计划"（2004 年）的一环。与此同时，政府还提出了另外一项计划，即在 2019 年至 2024 年间建设月球基地。和克拉克的提议类似，该计划也打算尽可能利用月壤资源来生产基地所需的关键部件。

然而，这些计划从未真正落地：奥巴马政府将整个项目都取消了，继而要求美国宇航局着手规划火星基地的建设。

由此可见，这种政策上的摆动是月球基地规划过程中的阻力之一。长期以来，有两大观点总在争论不休。第一种观点认为，我们应该重返月球，并在月球上建立基地，以便积累在恶劣环境中生存的经验，同时不至于离地球太远。而且，月球基地一旦建立，它就可以成为通往太阳系其他地方的门户。我们可以借助月球的低重力发射太空探测器，这样一来，跟在地球上相比，能节约不少成本。

而第二种观点认为，既然我们已经到达过月球了，就应该总结从月球探索中吸取的经验教训，直接前往新的目的地（比如火星），而不是继续重复踏上 50 年前就已经实现过的旅程。在我看来，两种观点都有可取之处。但是，由于它们之间的辩论还未结束，这两种观点暂时都没有机会付诸实践。

在月球和火星上建立基地的利与弊，
以及神秘的第三种选项

月　球

优　势	劣　势
相对而言距离地球较近，无须等待发射窗口	十分不宜居，气候极端，没有大气层的保护
可以开展有趣的研究	月壤处理起来有风险
资源丰富，建设基地可以就地取材	长期吸入月球尘埃会导致肺部疾病
适宜作为集结地	从长远来看，低重力对人类不利
存在水源	
是通往太阳系其他地方的门户	

火　星

优　势	劣　势
可以开展全新且有趣的研究	距离上要远得多
重力更强	宇航员会处于孤立无援的境地
存在水源	火星表面缺乏保护层
疑似存在火星生命	需要开展更多的基础设施建设

神秘的第三种选项：

住在距离金星表面50千米的金星大气层里，生活在飞船上

优　势	劣　势 (如果需要依赖金星表面)
可控温度为 0-50℃	温度极高，足够把铅融化
气压合适，与地球相近	硫酸雨
	压溃式的气压

2014年，来自美国宇航局、哈佛大学和"谷歌月球X大奖赛"的一群科学家举行了一次研讨会，论证人类重返月球的低成本方案。此次会议的成果之一，是阐明了如何在2022年前在月球上建立一个仅需100亿美元的定居点。此种构想是可行的，这得益于各种技术的进步，比如全球发射能力的提高，以及自主机器人和3D打印等

新型产业的发展。

2016 年 12 月，欧洲航天局主办了一场主题为"月球 2020—2030：人类和机器人共同探索的新时代"的国际研讨会，旨在为人类与机器人的太空探索制定规划。世界上所有的主要航天局都派出了代表参加大会，其中包括意大利航天局、法国国家太空研究中心、中国国家航天局、加拿大航天局、澳大利亚联邦科学与工业研究组织、德国宇航中心、欧洲航天局、印度空间研究组织、日本宇宙航空研究开发机构、韩国航空宇宙研究院、美国宇航局、乌克兰国家航天局、俄罗斯联邦航天局和英国航天局。

此次会议还调研了各个航天机构对于建设国际月球基地的看法。在未来，国际月球基地的建设可能涉及由人类远程控制的机器劳工的使用、3D 打印技术的运用以及对就地资源的利用。

此外，许多航天机构也在制订月球基地的建设计划。比如，俄罗斯联邦航天局发布了到 2020 年建立月球基地的计划；中国国家航天局由于"嫦娥工程"的成功，也提议在类似的时间范围内建成月球基地。

除了上面提到的政府组织，许多私营公司也把月球视作发展的新动力、利润的增长点。然而，作为私营航天业真正的先驱者，SpaceX 公司并没有参与是去月球还是去火星的争论——因为这两个目的地都在它的计划之内。基于该公司新推出的 BFR（工作名称，代表大猎鹰火箭），SpaceX 正在研制一种既能够到达火星和月球等目的地，也能够同时满足地球上的交通运输需求的运载火箭（将大大缩短在途时间）。这样一种集多功能为一体的运输工具可谓好处多多，因为它带来了一种可行的商业模式：人们可以将其在地球上投入商用，并将从中获取的商业收入用于投资，以支持去月球及其他行星的探索计划。此外，由于只需要专注于一个系统，未来的研究将更加集中，这意味着原本有限的资金将有望满足航天世界的所有运输需求。

在我看来，这在工程上的实现难度是令人生畏的——实现这些目标中的任何一个都已经足够困难，要将它们同时实现更是难上加难。这样一来，公司的发展很可能被拖累，从而陷入停滞。然而，很少有商业航天公司能做到 SpaceX 在过去几年里所取得的成功，所以，如果说有哪家公司能兑现这些目标，那么答案一定是

SpaceX。

航　线	距　离	商业航班所需时间	BFR 所需时间
洛杉矶至纽约	3983 千米	5 小时 25 分钟	25 分钟
曼谷至迪拜	4909 千米	6 小时 25 分钟	27 分钟
东京至新加坡	5350 千米	7 小时 10 分钟	28 分钟
伦敦到纽约	5555 千米	7 小时 55 分钟	29 分钟
纽约到巴黎	5849 千米	7 小时 20 分钟	30 分钟
悉尼至新加坡	6288 千米	8 小时 20 分钟	31 分钟
洛杉矶到伦敦	8781 千米	10 小时 30 分钟	32 分钟

SpaceX BFR 在地球上的性能概述

唐纳德·特朗普总统于 2017 年 12 月签署了一项指令，其中包括将宇航员送上月球并最终抵达火星的倡议。虽然他给出的时间节点有些模糊，很可能只是纸上谈兵，但在这个时刻，似乎我们的太空社区——包括国家、国际和个人——对建立月球基地的目标已经比从前更加坚定。不过，这种热情会像我们以前经历过的那样不了了之吗？我们是否已经具备了某种临界点的条件？如果具备了，月球基地会是什么样子的呢？

月球上的生活

对于第一批月球移民来说，月球各个方面的环境必然十分恶劣。由于月球上昼夜温差巨大且缺乏大气压力，月球上的任何建筑都必须具备防止穿刺、泄露的能力。长时间持续的月震也会造成威胁，因此在设计基地时还要考虑其结构的抗震性。此外，月球常常遭到流星体的撞击，所以，在理想情况下，月球建筑还需要拥有保护屏障，以尽量减少撞击带来的影响。

那么，月球上的房屋会是什么样子呢？由于月球上的任何建筑都需要保护居民免受辐射，一个想法是建立充气式的栖息地，等它一旦落成，就覆盖上月壤。如果可能的话，最好使用月球当地的月壤为原料，因为将建筑材料运送至月球的成本过于巨大。目前，科学家们正在研究如何远程操控 3D 打印机器人施工，以便派它们先于人类登上月球去建设基地。

至于食物和水，目前看来，我们可以利用 LED 灯和水培法（一种在没有土壤的情况下栽培植物的方法），在月球温室中种植食物，并从黑暗的月球陨石坑或月壤中提取水。值得一提的是，水是成功定居月球的关键因素——它对生命至关重要。而且，由于水由氢和氧组成，可以用来制造火箭燃料，助力太空运输。

月球属于谁?

关于建设月球基地和进入太阳系的话题让我兴奋不已，我希望这些计划能尽早实施，早日实现我童年时的梦想。不过，在我忘乎所以之前，需要注意的是，有一个问题可能会导致这些梦想全部破灭。

在先前的讨论中，我们已经认识到，月球基地的运作需要商业利益的驱动，但这样一来，有个问题悬而未决：月球属于谁？

大多数人会不假思索地回答"我们所有人"（尽管月球上插着美国国旗），但从法律上讲，这其实是一个很大的难题。

关于这个问题已经有了相关立法。它被称为《外层空间条约》，由许多主要国家在1967年签署，其起源有着一段漫长而曲折的历史。

第二次世界大战后，人们开始讨论外层空间是否可以用于和平目的。

这些讨论始于 20 世纪 50 年代末，由当时刚成立不久的联合国主导。美国及其盟国在 1957 年提交了关于将太空完全用于"和平和科学目的"的建议，不料遭到了苏联的拒绝。现在看来，苏联这一立场可能略显奇怪，但苏联当时即将发射世界上第一颗人造卫星"斯普特尼克 1 号"，正处于展开测试的黄金时期，希望借此找到投放洲际弹道导弹最为有效的路线。因此，苏联并不热衷于这些建议，倒也不足为奇。

1963 年，联合国大会通过了两项关于外层空间的决议，这两项决议后来成为《外层空间条约》的基础。其中，一项决议主要呼吁各国避免在太空部署大规模杀伤性武器，另一项则提出了太空探索的法律原则，规定所有国家都有权自由探索和利用太空。

1966 年 6 月，美国和苏联分别向联合国大会提交了"外层空间条约"草案。共同商定的条约文本最终由苏联、美国和英国于 1967 年 1 月 27 日签署，并于 10 月 10 日生效。该条约可归纳为以下内容。首先，各国承诺：

- 不在围绕地球或其他天体的轨道上放置任何核武

器或携带大规模杀伤性武器的物体；

- 不在天体上安装大规模杀伤性武器或以任何其他方式在外层空间部署大规模杀伤性武器；

- 不在月球和其他天体上建立军事基地或设施、测试任何类型的武器或进行军事演习。

条约其他条款强调，太空不是某个国家的领土，所有国家都有权探索太空。这些条款规定：

- 各国都有权进入太空，自由地进行科学考察；

- 各国不得通过主权要求，将太空和天体据为己有；

- 各国应避免污染和伤害空间或天体；

- 探索太空的国家对其活动可能造成的任何损害负有责任；

- 太空探索遵循"合作和互助原则"，宇航员有义务在需要时相互提供帮助。

该条约至今已有 50 多年的历史，许多人认为它已经过时了。如今，未来技术和机遇带来了许多新的可能性，我们需要对此作出回应。

有趣的是，联合国在 1979 年提出了一项月球条约。该条约不仅适用于月球，而且适用于除地球以外的其他所有天体。它赋予国际社会管辖权，并要求所有活动都必须根据国际法进行。它指出，月球应被用于造福所有国家和国际社会的所有人民，力求避免月球成为国际冲突的源头。

这些规定听起来对规范太空探索大有裨益。不过，尽管此项条约已经通过了生效所需的必要手续，由于没有一个航空大国参与签署，它基本上仍可以被视为没有效力。目前，暂时没有国家违反该条约。但在未来，随着更多的活动即将发生在月球和火星上，这项条约可能会被重新起草，希望在那时它可以被广泛接受。

地球上有一个区域类似于月球，并且有立法来控制其开发，这个地方就是南极洲。南极洲既没有政府，也不属于任何国家，但却有一个条约（《南极条约》）来管理对它的使用——该条约于 1959 年被许多国家共同签署。尽管人们认为南极洲矿产资源丰富，但迄今为止，没有一个国家试图开发这些资源，南极洲始终主要用作建设科学考察站的基地。

月亮、火星以及更远的目的地？

我认为，"去月球还是去火星"的争论仍将持续多年，尽管目前看来，最可能的解决方案是将月球作为通往太阳系甚至更远目的地的中转站。一旦我们能将月球基地落成，许多其他的机会似乎也将纷至沓来。这么一想，建立月球基地的确颇有益处。但是，难题在于我们究竟要如何推进这一事业。就让我们拭目以待，看看未来何去何从吧。

不过，有一件事是肯定的：无论我们开发何种太空技术，也无论我们何时重返月球，正如吉恩·赛尔南在1972年所建议的那样，在实践中，我们都要本着和平的精神，为全人类带来希望。

结　论

向外眺望

至此，我们的旅程即将告一段落。在这段旅程里，我们共同探索了月球为我们所有人身体、心理以及情感带来的影响。但是，有关月球的知识好比广袤的海洋，我们所做的这些讨论只不过是沧海一粟罢了。

　　如果你和我一样为月亮痴狂，那么，或许你并不想停留于远观月球，而是希望有朝一日能够真正踏上月球。

　　这使我不禁想起在十几岁时曾做过的一个梦。那个梦洋溢着激越的情感，总是萦绕在我的心头。

　　梦里我穿着一身蓬松的大浴袍，刚刚出浴，浑身轻盈。我走进一个温暖舒适的房间，房间里都是我爱的人。在那里，我轻轻抱起躺在婴儿床里安恬惬意的女儿，一路把她抱到一面大窗户前。向外远眺。目之所及，皆是漆黑深邃的太空，那是我从未领略过的、摄人心魄的美景。在这奇景之中，我还望见半明半暗的地球悬浮在宇宙之间。

　　这个梦给了我一种平和安详的美妙感觉。醒来之后，我总是忍不住想要回到那一刻。

　　我希望在不久的将来，我们都能够生活在太空中，去真正经历我所梦寐以求的场景。但是，我们如何才能实现这一愿望呢？

我个人认为，商业化模式很可能行之有效。但我更希望世界各国可以携手合作以实现这一愿景，不要过分依赖于商业化这条单一路径。

我们的祖先一直都有摘星揽月之志，梦想能够前往月球、火星乃至更远的地方旅行。如今，我们已经迈出了第一步，或许在接下来，月球可以充当我们去往其他行星的中转站，帮助我们踏上抵达群星的征途。

致 谢

感谢所有对这本书的写作提供帮助的人。

感谢 BBC Books 鼓励并促成我书写了我一生为之痴迷的月亮。

感谢劳拉，她激励着我，赐予我力量，让我写出了一本远超出我预期的书。

感谢林赛将我不堪卒读、杂乱无章的句子变得更加通顺连贯——它们接近我的头脑中那些难以转译成文字的东西。

感谢海伦和 BBC 的团队让我主持了《我们真的需要月亮吗?》这部纪录片，其中一部分内容收录在这本书中。

感谢我受尽磨难的经纪人薇琪，以及许多朋友和同事，他们理解我不回邮件、不理问询，以及在每天 24 小时的“写作阵痛”中失去联系。

感谢马丁和洛莉，他们从我可怕的写作模式中幸存了下来；这种模式常常让家中一片混乱，并让我成为令人生惧的“僵尸妈妈”综合症的一个例证。

对你们所有的人，以及那些没有在此处提及的人，致以无限的谢意。

最后，感谢月亮，我的朋友和伴侣，我和你继续着我们的浪漫情事。这段情事让我在新月之夜和云雾笼罩的时候心烦意乱，因为这些时间我看不见你，和你失去联系。感谢你单纯地存在，感谢你对我们这些必有一死、卑微如尘的凡人所做的一切。(抱歉，我内心的疯癫又有所显露了。)

著作权合同登记号　图字：01-2019-4242

图书在版编目（CIP）数据

　月球简史／（英）玛吉·阿德琳-波考克著；孙红卫译. —北京：北京大学出版社，2023.6
　ISBN 978-7-301-34053-0

　Ⅰ.①月…　Ⅱ.①玛… ②孙… 　Ⅲ.①月球探索—普及读物　Ⅳ.①V1-49

　中国国家版本馆 CIP 数据核字（2023）第 100060 号

书　　　名	月球简史	
	YUEQIU JIANSHI	
著作责任者	〔英〕玛吉·阿德琳-波考克　著　孙红卫　译	
责 任 编 辑	柯　恒	
标 准 书 号	ISBN 978-7-301-34053-0	
出 版 发 行	北京大学出版社	
地　　　址	北京市海淀区成府路 205 号　　100871	
网　　　址	http://www.pup.cn　http://www.yandayuanzhao.com	
电 子 信 箱	yandayuanzhao@163.com	
新 浪 微 博	@北京大学出版社　@北大出版社燕大元照法律图书	
电　　　话	邮购部 010-62752015　发行部 010-62750672	
	编辑部 010-62117788	
印 　刷　 者	北京华联印刷有限公司	
经 　销　 者	新华书店	
	850 毫米×1168 毫米　32 开本　9.125 印张　131 千字	
	2023 年 6 月第 1 版　2023 年 6 月第 1 次印刷	
定　　　价	69.00 元